Achraf Kouzayha

Biomimétisme et outils biophysiques: interactions peptides-membranes

Achraf Kouzayha

Biomimétisme et outils biophysiques: interactions peptides-membranes

Caractérisation structurale de peptides antimicrobiens dans des membranes biomimétiques

Presses Académiques Francophones

Impressum / Mentions légales

Bibliografische Information der Deutschen Nationalbibliothek: Die Deutsche Nationalbibliothek verzeichnet diese Publikation in der Deutschen Nationalbibliografie; detaillierte bibliografische Daten sind im Internet über http://dnb.d-nb.de abrufbar.
Alle in diesem Buch genannten Marken und Produktnamen unterliegen warenzeichen-, marken- oder patentrechtlichem Schutz bzw. sind Warenzeichen oder eingetragene Warenzeichen der jeweiligen Inhaber. Die Wiedergabe von Marken, Produktnamen, Gebrauchsnamen, Handelsnamen, Warenbezeichnungen u.s.w. in diesem Werk berechtigt auch ohne besondere Kennzeichnung nicht zu der Annahme, dass solche Namen im Sinne der Warenzeichen- und Markenschutzgesetzgebung als frei zu betrachten wären und daher von jedermann benutzt werden dürften.

Information bibliographique publiée par la Deutsche Nationalbibliothek: La Deutsche Nationalbibliothek inscrit cette publication à la Deutsche Nationalbibliografie; des données bibliographiques détaillées sont disponibles sur internet à l'adresse http://dnb.d-nb.de.
Toutes marques et noms de produits mentionnés dans ce livre demeurent sous la protection des marques, des marques déposées et des brevets, et sont des marques ou des marques déposées de leurs détenteurs respectifs. L'utilisation des marques, noms de produits, noms communs, noms commerciaux, descriptions de produits, etc, même sans qu'ils soient mentionnés de façon particulière dans ce livre ne signifie en aucune façon que ces noms peuvent être utilisés sans restriction à l'égard de la législation pour la protection des marques et des marques déposées et pourraient donc être utilisés par quiconque.

Coverbild / Photo de couverture: www.ingimage.com

Verlag / Editeur:
Presses Académiques Francophones
ist ein Imprint der / est une marque déposée de
OmniScriptum GmbH & Co. KG
Heinrich-Böcking-Str. 6-8, 66121 Saarbrücken, Deutschland / Allemagne
Email: info@presses-academiques.com

Herstellung: siehe letzte Seite /
Impression: voir la dernière page
ISBN: 978-3-8381-7533-1

Copyright / Droit d'auteur © 2014 OmniScriptum GmbH & Co. KG
Alle Rechte vorbehalten. / Tous droits réservés. Saarbrücken 2014

Remerciements

Ce travail de thèse a été accompli sous la direction de Madame **Catherine SARAZIN**, Professeur à l'Université de Picardie Jules Verne, au sein de laboratoire *Génie Enzymatique et Cellulaire de l'UMR 6022 CNRS*.

Je profite de cette section pour adresser mes remerciements à l'ensemble des personnes qui m'ont aidé et soutenu tout au long de cette thèse.

Tout d'abords, j'aimerais remercier Madame **SARAZIN** pour m'avoir laissé la plus grande liberté dans la conduite de mes travaux et encouragé dans cette tentative toujours difficile qui consiste à explorer des approches nouvelles à la frontière entre des disciplines scientifiques distinctes.

J'exprime ma reconnaissance à Monsieur **Erick DUFOURC**, Directeur de Recherche (DR-CNRS), Professeur à l'Université de Bordeaux 1 et Monsieur **Karim EL KIRAT**, Maître de conférences, HDR à l'UTC Compiègne, de me faire l'honneur d'être les rapporteurs de mes travaux de doctorat. J'associe également ces remerciements à Madame **Françoise BESSON**, Chercheur (CR1-CNRS) à l'Université Lyon 1 et Monsieur **Olivier WATTRAINT**, Maître de conférences à l'Université de Picardie Jules Verne ainsi que Monsieur **Joël CHOPINEAU**, Professeur à l'Université de Nîmes pour avoir accepté de juger ce travail et de participer à ce jury. Je tiens à vous exprimer toute ma gratitude pour avoir consacré une partie de votre temps à lire et juger ce travail.

Une partie de ce travail a eu lieu au sein de l'équipe ODMB de l'Institut de Chimie et Biochimie Moléculaires et Supramoléculaires (UMR 5246 CNRS). Cette partie n'aurait pu être effectué sans l'accueil sympathique de Mme **BESSON** qui m'a aidé et encouragé à finaliser ce travail. Grand merci encore à Mme **BESSON** et également à Monsieur **René BUCHET**, Responsable de l'Equipe ODMB, Professeur à l'Université Lyon 1 pour leur aide quand j'en avais besoin et pour leurs discussions fructueuses.

Je souhaite remercier l'ensemble des membres de mon laboratoire d'accueil à Amiens et plus particulièrement: Monsieur le Professeur **Jean-Noël BARBOTIN** pour son soutien toujours

I

même après son départ à la retraite, Monsieur **Dominique CAILLEUX** qui m'a effectué la première formation en RMN et qui m'a apporté beaucoup d'aide à la suite pendant ma thèse et Madame **Carine AVONDO** qui m'a offert toujours les meilleurs matériels disponibles pour réaliser mes expériences...

Ensuite, je remercie tous les gens extérieurs au travail, mes amis, qui m'ont supporté pendant ces 3 années. Ils m'ont écouté se plaindre sans rien dire et m'ont apporté un soutien moral très bénéfique. Merci beaucoup **Cheikh Tidiane SYLLA, Imen SAADALLAH, Mohamed EL ETER, Raed RAHAL, Hani El MOLL, Rabih TOUT, Tarek ZEIDAN, Walid DHAYBI, Walid MAKSOUD, Mohamed DANKAR, Modar KASSAN,...**

Je remercie tous les membres de ma famille, qui sont toujours disponibles généreux et qui m'ont souvent rassuré quand le moral n'était pas là. Que dire plus: je vous admire...

Un grand **MERCI** particulier et Chaleureux à mes parents, **Hikmat** et **Chahira**. Sans eux, je n'aurais jamais eu préparé et avoir ce diplôme de doctorat. Je tiens à vous dire que je vous aime et je suis très reconnaissant pour tout ce que vous m'avez apporté...

A la fin de cette section, je n'oubli pas de remercier la lumière d'amour qui est apparue dans ma vie. Elle éclaire mon chemin et m'encourage dans le moment le plus difficile malgré la grande distance qui nous sépare.... **MERCI MERCI Nouar**...

Merci à tous

SOMMAIRE

Les membranes biologiques sont indispensables à la séparation de l'intérieur et de l'extérieur des cellules ainsi que des organites. Elles ont toutes les propriétés des frontières: définissant la cellule, lieu d'échanges avec l'environnement, étanches à certaines molécules et pas à d'autres, permanentes (sauf en cas de mort cellulaire) mais déformables. Elles jouent un rôle majeur dans le fonctionnement de la cellule à la fois comme frontière (bioénergétique cellulaire, adhérence, interactions cellulaires) et comme lieu de régulation de nombreuses fonctions physiologiques (flux transmembranaires, mécanismes de transduction, transports vésiculaires...).

La construction d'un modèle imitant au mieux la membrane est un moyen permettant la compréhension fondamentale de l'organisation des macromolécules ainsi que leurs interactions au sein de la membrane biologique. Dans ce travail, plusieurs modèles biomimétiques ont été employés, parmi ces modèles: les monocouches de Langmuir et les bicouches lipidiques supportées. Afin d'analyser les interactions peptide/lipides dans les modèles biomimétiques, nous avons choisi deux peptides : l'alaméthicine, peptide naturel de la famille de peptaibols qui a des activités antimicrobiennes et le poly-alanine ($K_3A_{18}K_3$), peptide de synthèse spécifiquement enrichi en azote-15 pour des études par RMN. Ce peptide a une structure secondaire prédite en hélice α. Cette prédiction nécessite une confirmation expérimentale en fonction de l'environnement biomimétique.

Le mécanisme d'action de peptides antimicrobiens commence par l'interaction peptide-lipides du feuillet externe de la membrane cellulaire cible ou hôte. L'étude de cette étape du mécanisme justifie le choix de la monocouche de Langmuir à l'interface air-eau. Dans le 1er chapitre, nous avons caractérisé l'organisation et l'insertion de peptides à l'interface air-eau par la microscopie à l'angle de Brewster (BAM) et la technique infrarouge adaptée (PM-IRRAS pour *polarization modulation-infrared reflection-adsorption spectroscopy*). En présence et en absence des lipides, les informations obtenues montrent que les deux peptides se comportent et s'organisent de deux manières différentes dans les monocouches biomimétiques. Etant donné que les deux peptides sont censés être transmembranaires, nous avons passé au modèle des bicouches lipidiques supportées.

De nombreuses méthodes de caractérisation ont été développées pour des modèles membranaires biomimétiques supportés sur surfaces planes comme: la résonance de plasmon de surface (RPS), la microscopie de fluorescence, la microscopie à force atomique (AFM), le recouvrement de fluorescence après photoblanchiment (FRAP), la réflectivité de neutrons et la RMN des solides. Cette dernière technique est particulièrement bien adaptée pour étudier de façon non destructrice et *in situ* l'organisation et la dynamique moléculaires dans les modèles de bicouches lipidiques supportées ou non.

Dans le 2ème chapitre, nous avons utilisé un modèle des bicouches lipidiques supportées sur une feuille de polymère qui nous permet de maitriser la géométrie des membranes biomimétiques. Cela est également bien adapté pour utiliser la technique MAOSS (pour *Magic Angle-Oriented Sample Spinning*) qui combine MAS et orientation mécanique des échantillons dans le but d'avoir accès à des informations précises sur l'orientation de peptides en bicouches lipidiques. A partir des spectres en phosphore-31, nous avons pu déterminer le degré d'orientation des phospholipides en présence des peptides. Ce degré d'orientation permet de déduire des informations sur l'insertion des peptides d'une façon indirecte surtout dans le cas de l'alaméthicine, peptide naturel non marqué en ^{15}N. Par contre, dans le cas de $K_3A_{18}K_3$, qui est marqué en ^{15}N, nous avons également déterminé d'une façon directe le degré de l'orientation du peptide.

Parmi les différents modèles de membranes biomimétiques, nous portons un intérêt particulier aux modèles de bicouche lipidique unique, fluide et décollée du support. L'enjeu est la production de structures artificielles conservant l'essentiel des propriétés dynamiques des membranes biologiques, dont la robustesse et la géométrie contrôlée autorisent les mesures physico-chimiques. Au sein de notre équipe, des travaux antérieurs ont permis la construction d'un modèle de bicouche lipidique surélevée dans les pores d'un oxyde d'aluminium ou AAO (pour *anodized aluminum oxide*). Ce modèle biomimétique est obtenu par fusion des vésicules dans les pores assure un autoassemblage de la bicouche lipidique, surélevée du support par un pontage moléculaire streptavidine/biotine. L'originalité de notre stratégie réside dans la géométrie du support solide puisque la bicouche lipidique est construite au sein des pores de l'AAO. En effet, cette structure poreuse permet d'augmenter la surface de bicouche lipidique et d'imiter les invaginations d'organites tels que les membranes internes des chloroplastes ou les mitochondries. Les modèles supportés permettent l'insertion de protéines ou peptides transmembranaires.

Dans le 3ème chapitre, de ce travail, nous avons consacré un intérêt particulier à l'optimisation de la première étape de la construction. Cette étape porte sur la dérivation des pores de l'AAO par une molécule d'organosilane bi-fonctionnelle. Nous avons entrepris une étude comparant deux méthodes de dérivation : le trempage (greffage par incubation) et la vaporisation (greffage sous tension de vapeur). Cette étude fait appel à des expériences de RMN HR-MAS du proton utilisant la technique de gradients de champ pulsés. Cette méthode présente l'avantage d'accéder à l'analyse de la dérivation à l'intérieur des pores. Elle permet de vérifier l'état des pores en suivant la diffusion de l'eau mais aussi d'autres molécules diffusibles au sein même du support nanoporeux.

A- L'évolution des modèles de membranes biologiques

Des modèles de la membrane cellulaire ont été proposés bien avant l'apparition du microscope électronique qui a permis de mettre en évidence sa structure. A la fin du 19ème siècle, les observations d'Overton lui permettent de dire que les membranes sont de nature lipidique puisque les substances liposolubles entrent plus rapidement dans les cellules par rapport aux autres.

Au début du 20ème siècle, Langmuir (1917) s'intéresse aux films lipidiques à l'interface air-eau et analyse les interactions entre les molécules d'eau et certains lipides. Langmuir explique les phénomènes observés par la formation de monocouches monomoléculaires avec l'immersion des les têtes hydrophiles des lipides. En parallèle, Gorter et Grendel (1925), qui étudient les membranes de globules rouges, démontrent que les membranes cellulaires sont formées d'une bicouche lipidique qui sépare les deux compartiments aqueux de la cellule. Danielli et Davson (1935) proposent un modèle moléculaire représentant la membrane comme une bicouche de lipides recouvertes de chaque côté par une couche de protéines globulaires.

En 1972, Singer et Nicholson proposent un modèle où les protéines membranaires sont insérées dans la bicouche lipidique et où seules leurs parties hydrophiles sont en contact avec l'eau. Selon ces auteurs, une telle disposition favorise les interactions entre l'eau et les zones hydrophiles des protéines et des lipides et permet aux parties hydrophobes de se trouver dans un milieu sans eau. Ce modèle présente donc la membrane comme une mosaïque formée d'une bicouche lipidique fluide où flottent les protéines, d'où l'expression « modèle de la mosaïque fluide » (Figure 1).

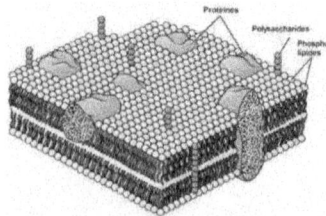

Figure 1. Modèle de la mosaïque de fluide de Singer et Nicholson.

Les protéines peuvent interagir avec la membrane de plusieurs façons (Figure 2). Dans le cas des protéines intégrales ou intrinsèques, leurs séquences protéiques hydrophobes sont insérées dans la bicouche lipidique (Lee, 2004). Quant aux protéines périphériques ou extrinsèques, il y a des interactions faibles qui se font soit avec les têtes polaires des phospholipides, soit avec les protéines intrinsèques sur l'une ou l'autre face de la membrane. Le dernier cas concerne les protéines insérées dans la membrane par une ancre lipidique. Cette ancre, liée de façon à la chaîne polypeptidique, est soit un résidu d'acide gras, soit de type glycophosphatidylinositol (GPI).

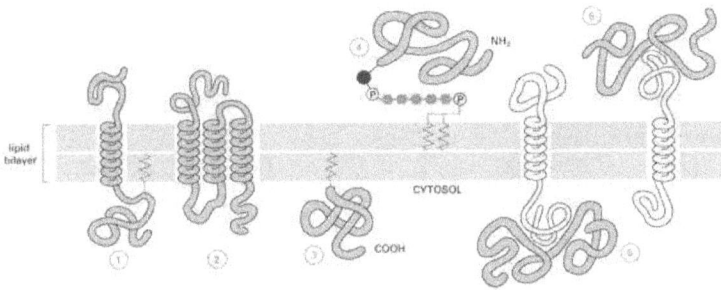

Figure 2. Schématisation des différents types d'association des protéines avec la membrane. Les protéines intégrales ou intrinsèques ayant une (1) ou plusieurs (2) hélices α traversent une ou plusieurs fois la membrane. D'autres protéines sont soit ancrées dans la membrane par une chaîne aliphatique (3) ou un GPI (4), soit attachées de façon non-covalente (5) et (6). (Alberts *et al.*, 1994).

De plus, dans les conditions physiologiques, les membranes biologiques sont fluides, ce qui permet un déplacement latéral des constituants et un déplacement de type « flip-flop » existe également sur une plus longue échelle de temps. La distribution des composants membranaires est asymétrique au sein des deux feuillets de la bicouche. Ainsi les protéines extrinsèques et les lipides polaires ne sont pas distribués de façon équivalente dans les deux feuillets de la membrane (Op den Kamp, 1979 ; Devaux, 1992).

Des études récentes suggèrent que, au sein des membranes, il existerait des microdomaines ayant des compositions lipidique et protéique spécifiques. Ces régions membranaires, particulièrement riches en cholestérol et sphingolipides, ont été ainsi isolés par extraction à froid en utilisant des détergents non-ioniques, d'où leur dénomination de DRM (pour detergent resistant membranes). Ces DRM ont de grandes similitudes de composition avec d'autres structures, les radeaux lipidiques ou rafts, mises en évidence *in vivo* dans les membranes cellulaires des mammifères, des levures et des plantes. Comme les rafts et les DRM possèdent des caractéristiques biochimiques très proches (Brown et London, 1997 ; Simons et Ikonen, 1997 ; Rietveld et Simons, 1998), certains auteurs pensent que les structures observées *in vivo* correspondent aux microdomaines extraits par les détergents. Lorsque ces fragments membranaires sont associés à une protéine, la cavéoline, les structures correspondantes sont appelées cavéoles (Brown et London, 1997 ; Razani et Lisanti, 2002).

De très nombreuses évidences expérimentales montrent que les « radeaux lipidiques » permettent ainsi de recruter et de localiser de façon dynamique à des endroits précis de la cellule les composants nécessaires à de nombreux processus cellulaires ; signalisation hormonale, trafic cellulaire (endocytose et exocytose), polarité et croissance cellulaire, réponse aux agents pathogènes.

B- Les phospholipides membranaires

Dans le but de comprendre la complexité des membranes biologiques, des systèmes biomimétiques ont été construits à partir de lipides de synthèse ou extraits des membranes cellulaires. Les propriétés biophysiques de ces modèles simplifiés sont fortement liées à la nature des lipides.

Les phospholipides sont la principale famille des lipides dans les membranes biologiques. Chimiquement, un phospholipide est une molécule qui est composée d'un glycérol estérifié par deux chaînes d'acides gras saturées ou non, de 10 à 20 carbones de long au niveau de l'alcool secondaire et de l'un des alcools primaires. L'autre alcool secondaire du glycérol est substitué par un groupement polaire (PC, PS, PE,...). Les systèmes lipidiques modèles utilisés dans ce travail sont composés uniquement des phospholipides.qui permettent la caractérisation des interactions lipide-peptide. Dans cette partie nous allons aborder quelques propriétés qui impliquent l'organisation des phospholipides.

<u>Les phases lipidiques</u>

Les membranes plasmiques des diverses cellules eucaryotes sont généralement constituées de phospholipides et leur composition varie d'un type cellulaire à l'autre (Devaux, 1991).

D'autre part, les lipides s'associent de manière à échanger le maximum d'interactions hydrophobes. Cette capacité dépend naturellement des groupements fonctionnels présents sur le lipide mais aussi de tous les facteurs influençant les interactions de type électrostatique telles: la température, la force ionique, le pH, ou la présence de cations divalents (Cullis et De Kruijff, 1976 ; Cullis et De kruijff, 1979). Cette tendance naturelle des lipides à adopter plusieurs types de phases, est appelée « polymorphisme lipidique ».

En 1968, Luzzati *et al.* ont mis en évidence les différentes structures adoptées par les lipides dans l'eau. On peut distinguer deux types de structures : (i) celles dites de type I ou "directes" (huile dans l'eau) où les agrégats de lipides se trouvent dans un milieu aqueux continu et (ii) celles de type II ou "inverses" (eau dans huile) dans lesquelles les têtes polaires hydratées sont organisées au sein d'une matrice non polaire continue constituée de chaînes aliphatiques.

Nous ne ferons pas de description détaillée des différentes phases adoptées par les lipides dans l'eau qui sont largement exposées dans la littérature (Luzzati *et al.*, 1968 ; Lindblom et Rilfors, 1989). La figure 3 présente les différents assemblages possibles pour un tensioactif tel que les lipides. Une substance est dite tensioactive lorsqu'elle est capable d'abaisser la tension superficielle de l'eau ou plus généralement la tension interfaciale, s'il s'agit d'autres types d'interfaces (huile/eau, solide/liquide,…).

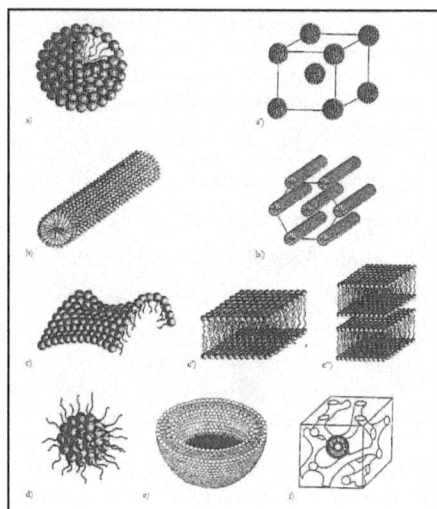

Figure 3. Structures organisées formées à partir de lipides.
micelles sphériques (a), structure micellaire cubique (a'), micelle cylindrique (b), structure hexagonale (b'), monocouche (c), bicouche (c'), structure lamellaire (c''), micelle sphérique inverse (d), vésicule (e) et microémulsion (f). (Paquot, 2003).

De manière succincte, en présence d'un excès d'eau (structures de type I), une solution de lipide monocaténaire (ou lysophosphatidyl: lipide à une seule chaine) est obtenue. Lorsque la concentration en lipide augmente et passe au dessus de la concentration micellaire critique (CMC), les lipides s'auto-associent sous formes de micelles sphériques (Figure 3a). La valeur de la CMC dépend de la nature chimique de chaque lipide et principalement de la balance hydrophile-lipophile du lipide (de l'ordre de 10^{-3}-10^{-4} M pour la plupart des acides gras biologiques). Dans le cas des lipides monocaténaires, si la concentration augmente encore, les micelles s'allongent pour former une phase hexagonale (appelée H_I, Figure 3b). Dans cette phase, les lipides sont organisés en cylindre dont la surface est constituée par les têtes polaires, les chaînes aliphatiques se rassemblant au niveau du cœur hydrophobe. Les cylindres sont disposés suivant un réseau hexagonal (Figure 3b'). Enfin, au-delà d'une certaine concentration, les lipides s'organisent en phases lamellaires, c.à.d. un empilement de bicouches séparées les unes des autres par le milieu aqueux (Figure 3c').

La structure des assemblages lipidiques peut être décrite de manière simplifiée par le concept de forme. En effet la structure d'un assemblage lipidique est dépendante de la forme moléculaire intrinsèque des lipides le constituant. Le concept de forme basé sur l'importance relative du volume occupé par la partie hydrophobe par rapport à la partie hydrophile permet de prévoir le type d'organisation qu'un lipide adoptera dans l'eau (Cullis et De Kruijff, 1979).

Le volume de la tête hydrophile dépend du volume des atomes le constituant, de son hydratation et de sa dynamique de rotation. Le volume moléculaire des chaînes acyles est fonction du nombre d'insaturations en configuration cis : plus elles sont nombreuses et proches de la tête hydrophile et plus le volume occupé par ces chaînes est important. Ainsi, in vitro, la lysophosphatidylcholine (LPC), qui ne possède qu'une chaîne acyle saturée, s'organisera en micelle dans un solvant aqueux, tandis que la phosphatidylcholine (PC), s'organisera en bicouche (Figure 3c'). De manière générale, un lipide en forme de cône induit une courbure positive (type micelle), et un lipide en forme de cône inversé tel que la PE induit une courbure négative (type micelle inversée) (De Kruijff, 1997).

La transition des phases lipidiques

Toutes les membranes biologiques partagent une structure globale commune : ce sont des assemblages lamellaires de molécules lipidiques et protéiques dont l'intégrité structurale est maintenue via des liaisons non covalentes. En revanche, ce sont les lipides qui assurent la stabilité mécanique, et structurent spontanément la membrane en une bicouche de 5 à 10 nm d'épaisseur. La fluidité des membranes est étroitement liée à la composition lipidique, la température et l'humidité du milieu.

En fonction de la température, on distingue la phase lamellaire ordonnée ou phase gel (L_β), où les chaînes d'acides gras présentent une mobilité restreinte (conformation trans), de la phase lamellaire fluide désordonnée (L_α) où les chaînes d'acides gras sont beaucoup plus mobiles (Figure 4) (Eigenberg et Chan, 1980).

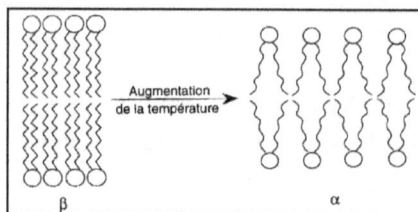

Figure 4. Schématisation de la phase lamellaire gel (L_β) et de la phase lamellaire fluide (L_α) (Schechter E., 1997).

La température, à laquelle la transition de phase gel L_β à la phase L_α a lieu, correspond à la température de fusion (T_m) du phospholipide et celle-ci varie en fonction de la longueur et du degré d'insaturation des chaînes d'acides gras (Cullis, 1976 ; De Kruijff, 1987 ; 1997). Pour des températures supérieures à T_m, les chaînes hydrocarbonées "fondent" ce qui correspond à des niveaux plus élevés d'énergie rotationnelle des liaisons C-C (état excité) (Petrov et Radoev, 1981).

Dans une bicouche lipidique, les changements de direction des chaînes hydrocarbonées, via les configurations gauches et cis des doubles liaisons, rendent plus difficile le parallélisme des chaînes hydrocarbonées. Par conséquent, l'agencement de ces chaînes dans une phase gel est plus difficile et le désordre moléculaire augmente. Les lipides forment alors un liquide bidimensionnel où les chaînes aliphatiques sont dans une conformation désordonnée, mais en moyenne, normales au plan. T_m dépend principalement de la longueur des chaînes et du nombre d'insaturations. A longueur de chaîne hydrocarbonée égale, la fluidité de la membrane augmente avec le nombre d'insaturations. Au contraire, à nombre d'insaturations égal, la fluidité est inversement proportionnelle à la longueur de la chaîne.

Dans une monocouche, l'isotherme à l'interface air-eau permet de mettre en évidence des transitions de phase dans les couches à deux dimensions (Gaines, 1966). Une isotherme est la courbe de la pression de surface en fonction de l'aire par molécule à une température constante (Partie D, 1-a). On peut observer une phase gaz (G) où les distances intermoléculaires sont importantes. Lors de la compression, les molécules se rapprochent conduisant à la formation successive d'une phase liquide condensée (LC), une phase liquide expansée (LE) et une phase solide (S).

Les différents phospholipides sont caractérisés par des températures de fusion pouvant aller de -22°C pour la 1,2-dioleoyl-phosphatidylcholine (phospholipide avec deux chaînes d'acides gras à 18 atomes de carbone et une insaturation) à environ 52-55°C pour la 1,2-dipalmitoyl-phosphatidylsérine et la 1,2-stéaroyl-phosphatidylcholine (phospholipides avec des chaînes d'acides gras saturées à16 et 18 atomes de carbone, respectivement) (Koynova et Caffrey, 1998).

Une transition de phase lamellaire fluide (L_α)-hexagonale (H_{II}) pourrait être observée dans le cas des phosphatidylethanolamines (PE) (Cullis et De Kruijff, 1978). Un rapport molaire élevé de la PE dans une membrane favorise la phase hexagonale au détriment de la phase lamellaire (Dekker *et al.*, 1983).

C- Les modèles membranaires biomimétiques

Dans cette partie, nous décrivons quelques grands types de modèles qui existent pour proposer des systèmes d'études des membranes biologiques. Ces modèles sont classés en groupes: les modèles biomimétiques non supportés et les modèles biomimétiques supportés.

1- Les modèles biomimétiques non supportés

1. a- Les monocouches lipidiques à l'interface air-eau

Suite aux travaux préliminaires de Pockels et de Rayleigh, Langmuir (prix Nobel de chimie en 1933) a inventé une balance capable de mesurer la force exercée à l'interface air-eau (Figure 5).

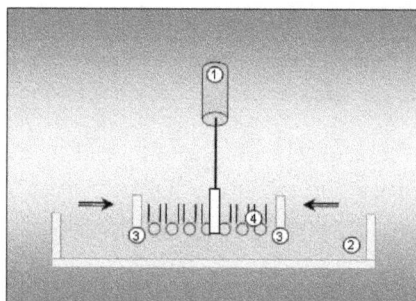

Figure 5. Schématisation de la balance de Langmuir.
1: Balance de Wilhelmy (Mesure de la pression superficielle); 2: sous-phase aqueuse;
3: barrières mobiles; 4: monocouche lipidique.

Cette balance a permis de réaliser les monocouches à l'interface air-eau. Elle nous permet aussi d'enregistrer des isothermes de compression pour les monocouches. Ces isothermes permettent d'analyser les propriétés thermodynamiques de la monocouche formée (Lawrie *et al.*, 1996). Pour un composé donné, la pression de surface (π) dépend de l'aire totale de la surface divisée par le nombre de molécules.

La figure 6 présente l'isotherme dans le cas du phospholipide DPPC. On observe dans cette isotherme la présence de 3 types d'organisation : la phase de liquide expansé (LE), la phase de transition (LE/LC) et la phase de liquide condensé (LC).

12

Les monocouches apportent un grand intérêt scientifique. Une monocouche de Langmuir est un excellent modèle pour l'étude d'ordre à deux dimensions. Elle peut être utilisée pour reconstituer des systèmes mimant une membrane biologique (McConnell et Vrljic, 2003).

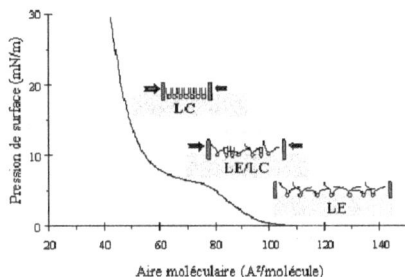

Figure 6. Isotherme de compression de DPPC à l'interface air-eau.
Liquide Expansé (LE), Liquide Condensé (LC).
D'après (Vollhardt et Fainerman, 2000 ; Kouzayha *et al.*, 2005).

Dans une monocouche, on peut étudier l'aspect biophysique du feuillet externe de la membrane et contrôler deux variables thermodynamiques: la température et la pression de surface (Kaganer *et al.*, 1999).

Les monocouches peuvent servir à caractériser des réactions biologiques telles que des réactions enzymatiques (Jaross *et al.*, 2002). Parmi ces réactions, on peut citer la phospholipase D. C'est une enzyme qui catalyse l'hydrolyse de la liaison phosphodiester des glycérophospholipides en libérant de l'acide phosphatidique et un alcool. Des activités phospholipase D ont été détectées dans des organismes simples et complexes (virus, bactéries, levures, plantes et animaux). L'utilisation des monocouches de Langmuir constituées de phosphatidylcholine a permis de mettre en évidence un lien entre l'activité de cette enzyme et la rhéologie de la membrane qui est son substrat naturel (El Kirat *et al.*, 2002 ; 2003).

Les monocouches sont considérées comme le modèle biomimétique le plus utilisé pour mimer le feuillet externe de la membrane biologique. Les protéines à ancre GPI sont ancrées dans le feuillet externe de la membrane biologique ou plus précisément dans les rafts. Ces protéines ont été caractérisées à l'interface air-eau (Ronzon *et al.*, 2006 ; Caseli *et al.*, 2007).

13

1. b- Les bicouches lipidiques

Vu que les membranes biologiques sont organisées sous forme des bicouches asymétriques, le modèle des monocouches n'a pas pu convaincre tous les scientifiques. Ils ont adopté des modèles de bicouches pour mieux comprendre la topologie membranaire des protéines et des peptides transmembranaires.

A ce jour, il existe deux modèles de bicouches non supportées: les bicouches planes et les bicouches vésiculaires.

Le modèle le plus utilisé des bicouches planes est celui où l'organisation plane est effectuée au niveau d'un espace séparant deux compartiments aqueux, il s'agit de structures appelées Films Noirs ou BLM pour «*Black Lipid Membrane*».

La reconstitution du photosystème II dans ce type de structure a permis l'étude du transfert d'électrons au sein de ce complexe (Gruszecki *et al.*, 1997). Très récemment, Tadini-Buoninsegni *et al.* (2008) ont utilisé ce modèle de membrane biomimétique pour localiser les ions au cours de la réaction enzymatique dans le cycle d'ATPase (Figure 7). Ils ont ainsi montré que les mécanismes de transfert des ions par les trois enzymes, Na,K-ATPase, SR Ca-ATPase et H,K-ATPase, présentent des cinétiques similaires.

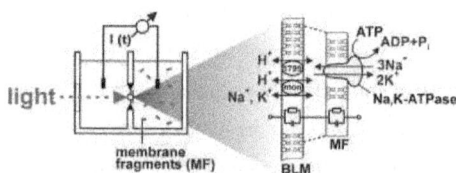

Figure 7. Représentation des structures en bicouches lipidiques appelées « *black lipid membrane* ». (Tadini-Buoninsegni *et al.*, 2008).

Contrairement aux techniques classiques d'électrophysiologie, ce modèle de bicouches (BLM) évite les complications techniques liées à l'interaction des ions avec les composants intracellulaires. Il présente aussi des avantages lorsque les structures étudiées ne sont pas accessibles aux méthodes électrophysiologiques en raison de leur petite taille (réticulum sarcoplasmique ou vésicules de cellules pariétales). L'utilisation de ce modèle reste limité aux mécanismes qui impliquent de transfert des ions. D'autre part, l'utilisation des techniques biophysiques, qui apportent des informations au niveau dynamique et structurale, s'avère impossible pour ce modèle.

Dans le cas de bicouches vésiculaires, la méthode la plus simple de préparation des vésicules est par dispersion des phospholipides dans l'eau suivie d'une agitation vive. Les lipides s'organisent alors en vésicules multilamellaires ou MLV pour "*multilamellar vesicles*" (Figure 10). Ces vésicules peuvent contenir de 10 à 12 bicouches disposées en "pelure d'oignon" et ont des diamètres de l'ordre de 0,2 à 10 µm. Delattre *et al.* (1993) ont bien détaillé les méthodes utilisées dans la préparation des MLV.

Il excite trois autres types des vésicules qui sont classés par leur taille et qui sont différenciés des MLV par leur structure et leur capacité d'encapsulation (Figure 8).

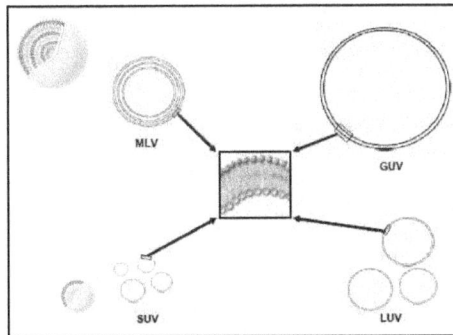

Figure 8. Représentation schématique de différentes formes possibles de vésicules lipidiques en solution selon Avanti polar Lipids 2003.

En effet, le passage des MLVs par extrusion à travers des filtres polycarbonates de tailles de pores définis (Olson *et al.*, 1979), sous pression, produit de larges vésicules unilamellaires ou LUVs pour "*Large unilamellar vesicles*" de diamètres de 50 à 200 nm. Des vésicules de très grande taille ou GUV pour "*Giant Unilamellar Vesicles*" de diamètres supérieurs à 200nm sont utilisées pour décrypter certains mécanismes membranaires (diffusion des protéines membranaires, étude des radeaux lipidiques) à une échelle cellulaire.

Les petites vésicules unilamellaires ou SUVs pour "*small unilamellar vesicles*", de diamètres de 20 à 50 nm, sont obtenues soit par sonication des MLVs ou des LUVs à l'aide d'une sonde à ultrasons plongés dans une suspension aqueuse de lipides soit par extrusion ou encore par l'utilisation d'ultrasons. L'utilisation des ultrasons a été introduite par Saunders *et al.*, (1962). Cette méthode peut provoquer une dégradation des composés fragiles (acides gras insaturés), ce qui a rendu indispensable l'utilisation de l'extrusion. Cette dernière méthode est réalisable en deux techniques: soit par utilisation de la presse de French (Hamilton et Guo, 1984); soit par l'utilisation de membranes de polycarbonates (Olson *et al.*, 1979).

Pott et Dufourc, 1995 ont utilisé les vésicules comme modèle biomimétique. Ils ont analysé l'action d'un peptide du venin d'abeille, la mélittine. Ce peptide perturbe considérablement la morphologie des membranes (Dufourc *et al.*, 1986). Très récemment, l'effet de l'insertion de la surfactine, peptide produit par la *Bacillus subtilis*, a été caractérisé dans des MLV de DMPC, induisant la formation de SUV (Buchoux *et al.*, 2008).

Enfin, on peut citer un modèle particulier de bicouches phospholipides planes. C'est les bicelles pour " ***Bilayered micelles*** ". Ce modèle a la remarquable propriété de s'orienter spontanément dans un champ magnétique. Il a été crée par le groupe de Mary Roberts (Gabriel et Roberts, 1984 ; Gabriel et Roberts, 1986 ; Gabriel *et al.*, 1987 ; Bian et Roberts, 1990 ; Sanders et Prosser, 1998). La morphologie lipidique la plus reconnue qu'adopte ce système est une bicouche discoïdale (Figure 9).

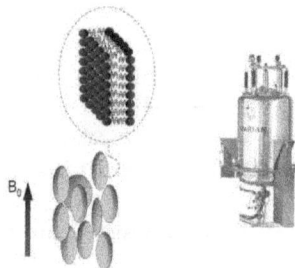

Figure 9. Schématisation des bicelles orientés parallèlement à B_0. (http://www.nanoqam.uqam.ca, Janvier 2009).

Ces nano-disques ne possèdent pas de compartiment aqueux interne comme les liposomes et présentent un domaine plan en bicouche, dont les propriétés sont proches d'une phase cristal liquide. Ils sont constitués d'un mélange approprié entre deux types de molécules: des lipides à chaînes aliphatiques longues (de 14 à 20 atomes de carbone) et des détergents (des sels biliaires ou des lipides à chaînes hydrocarbonées courtes, de 6 à 8 atomes de carbone). Il est également possible de former des bicelles avec des lipides à chaînes plus longues ou contenant des degrés d'insaturation comme POPC (Triba *et al.*, 2006). De même, des assemblages bicellaires chargés peuvent être obtenus en incorporant des composés amphiphiles anioniques (DMPG) ou cationiques (DMTAP) (Marcotte *et al.*, 2003).

Les bicelles sont des modèles membranaires très intéressants pour l'étude des peptides et des protéines puisqu'elles sont composées des mêmes lipides que les biomembranes (Howard et Opella, 1996). Ces bicelles améliorent la résolution des spectres de RMN du deutérium et l'étude d'orientation de plans peptidiques en RMN de l'azote-15. Des solutions diluées de bicelles orientées permettent de raffiner la structure des protéines par mesure de couplages dipolaires résiduels en RMN des liquides (Ottiger et Bax, 1998 ; 1999 ; Markus *et al.*, 1999).

Le modèle des bicelles a été utilisé récemment pour caractériser le peptide (*Neu/erbB-2*) (Loudet *et al.*, 2005). Ils ont pu montrer que cette forme mutée du fragment transmembranaire d'un peptide de la famille des récepteurs à tyrosine kinase (*Neu/erbB-2*) s'organise de façon dimérique ou multimérique dans les bicelles.

Les modèles membranaires en solution décrits précédemment sont tous caractérisés par une certaine fragilité et instabilité; les membranes supportées ont été développées afin de limiter ces contraintes (Tien et Salomon, 1990).

2- Les modèles biomimétiques supportés

Il existe différents modèles membranaires supportés, avec des degrés de complexité variables. Ils peuvent être constitués d'une monocouche lipidique, de bicouches ou de multicouches lipidiques.

2. a- Monocouches lipidiques supportées

Celle-ci est formée par le transfert d'une monocouche non supportée sur une surface hydrophile ou hydrophobe selon la technique de Langmuir-Blodgett (Tamm et McConnell, 1985). La figure 10 illustre ce procédé.

17

Les lipides restent parfaitement organisés après le transfert de l'interface air-eau au support. Ce système constitue un autre intérêt au niveau des enzymes immobilisés (Girard-Egrot *et al.*, 2005).

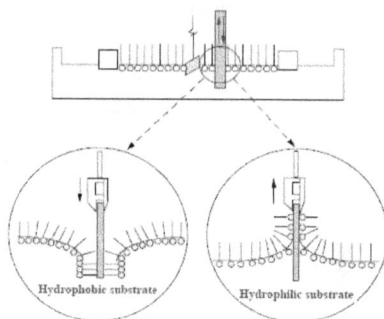

Figure 10. Représentation schématique du transfert Langmuir-Blodgett d'une monocouche lipidique sur un support. (Girard-Egrot *et al.*, 2005).

Les limitations de ce modèle se résument dans l'étape du transfert car le choix de support est limité par rapport au temps d'adsorption. Ce temps varie selon la nature des molécules qui constituent les monocouches. D'autre part, le degré et la nature d'insertion des protéines représentent un autre facteur limitant.

2. b-.Hémimembranes

Il existe un modèle membranaire supporté intermédiaire entre la monocouche lipidique et la bicouche lipidique: les hémimembranes. Une hémimembrane est obtenue par fusion de liposomes sur une monocouche hydrophobe non lipidique fixée sur un support solide (Figure 11). Les molécules utilisées pour former le feuillet hydrophobe inférieur sont des molécules hydrogénocarbonées possédant un groupement fonctionnel pour assurer leur autoassemblage sur le support et une longueur de chaîne suffisante pour assurer la stabilité de l'hémimembrane. Si le support est une surface d'or, le groupement fonctionnel des molécules est un thiol (Plant, 1993 ; 1999 ; Plant *et al*, 1994), si le support est de la silice, de l'alumine ou du mica, le groupement fonctionnel est un silane (Parikh *et al*, 1999).

De nouveaux supports pour les hémimembranes sont apparus tels que les structures microporeuses qui procurent une surface de travail beaucoup plus importante qu'un support

18

plan et qui protègent la membrane lors des passages air/eau (Torchut *et al.*, 1994 ; Marchal *et al.*, 1997).

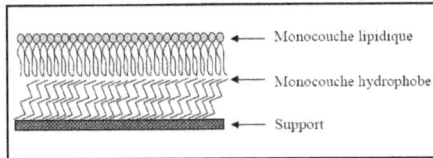

Figure 11. Représentation schématique d'une hémimembrane (Fliniaux, 2004).

Des premiers essais d'incorporation de protéines membranaires dans les hémimembranes ont été réalisés : la fonction de pore de l'α-hémolysine a été reconstituée (Glazier *et al.*, 2000) et les paramètres cinétiques bidimensionnels de la pyruvate oxydase ont pu être déterminés (Marchal *et al.*, 2001). D'autre part, l'hémimembrane est un des modèle utilité pour étudier le mécanisme de la protéine intracellulaire présente dans les neurones, à forte affinité pour les ions Ca^{2+} (Rossi *et al.*, 2003).

Les modèles d'hémimembranes présentent deux inconvénients majeurs: la fluidité réduite de la structure car la monocouche inférieure est rigide et l'absence d'espace entre la bicouche hybride et le support. Le développement des véritables bicouches lipidiques supportées va limiter ces faiblesses.

2. c- Bicouches lipidiques supportées

En 1986, McConnell *et al.* ont réalisé pour la première fois des bicouches supportées par assemblage contrôlé sur différents supports tels que le verre, le quartz, le mica ou la silice ou sur une surface conductrice permettant des mesures en électrochimie.

La plupart des bicouches lipidiques est obtenue par fusion de vésicules sur une surface hydrophile (Rädler *et al*, 1995 ; Sackmann, 1996). Dans ce procédé, la bicouche est obtenue grâce à l'adhésion des vésicules lipidiques à la surface du support, à leur rupture et à leur fusion latérale, tous ces évènements sont dépendants de plusieurs paramètres dont les principaux sont: la température, la taille des liposomes, la composition lipidique.

19

L'interaction du peptide SIV, pour *simian immunodeficiency virus*, avec la membrane, a été visualisée pour la première fois. Ces visualisations par l'AFM ont été réalisés après fusion de modèle membranaire SUV (El Kirat *el al.*, 2005). Ces SUV sont constituées de deux phospholipides DOPC et DPPC. Très récemment, ce modèle a été utilisé pour montrer l'activité de la Phospholipase D sur des bicouches supportées sur mica obtenues par fusion de SUV de DPPC (El Kirat *et al.*, 2008).

Dans ce type de membranes, une couche d'eau d'environ 1 nm d'épaisseur sépare la structure lipidique du support (Figure 12). Cet espace est trop faible pour envisager l'intégration de protéines transmembranaires.

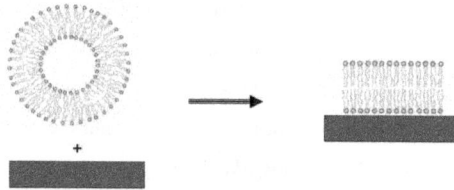

Figure 12. Représentation schématique d'une bicouche lipidique liée au support par fusion des vésicules.

Il est aussi possible de former une membrane plane sur silice par co-adsorption de micelles mixtes lipides-détergent non ionique et par rinçages successifs (Tiberg *et al.*, 2000). Les propriétés mécaniques de ce type de membrane ont été étudiées par AFM suite à l'insertion d'un peptide, la gramicidine A (Leonenko *et al.*, 2000).

Néanmoins, ces modèles biomimétiques présentent des limitations. Les bilans matière révèlent la présence de vésicules intactes, non fusionnées (Csucs et Ramsden, 1998). Le compartiment aqueux sous la membrane est de taille insuffisante pour incorporer des protéines transmembranaires.

Afin d'optimiser le mimétisme des modèles membranaires, un compartiment assez grand entre la bicouche lipidique et le support a été introduit, permettant également la diffusion des lipides et des protéines. En effet, la membrane est décollée du support soit par des coussins de polymères (Figure 13-I) soit ancrée par des liaisons covalentes avec le support (Figure 13-II) (Heyse *et al.*, 1998).

La première stratégie consiste à fixer un polymère sur la surface d'étude. Ensuite la bicouche lipidique est formée par fusion des vésicules lipidiques sur le polymère (Seitz *et al*, 1998 ; Sinner et Knoll, 2001). Cette approche peut limiter la formation d'un compartiment entre la bicouche et le support si le polymère recouvre toute la surface du support (Figure 13-I).

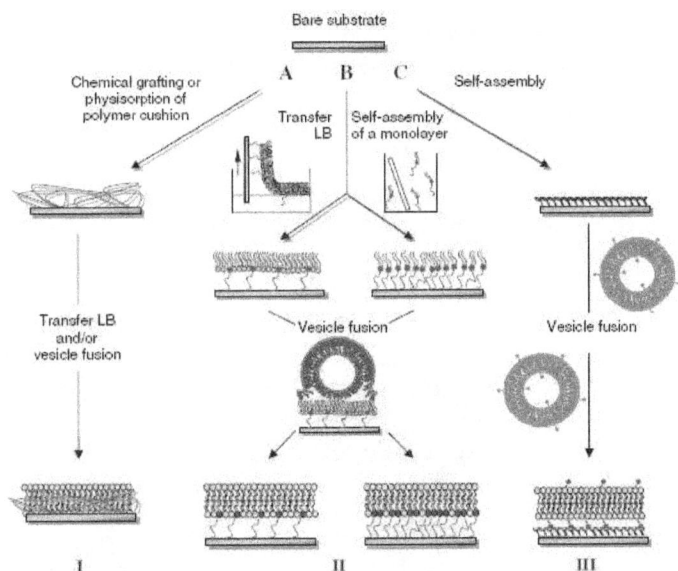

Figure 13. Différents façons de préparer de bicouches lipidiques supportées (Rossi et Chopineau, 2007).
(A) Fusion des vésicules ou transfert par Langmuir-Blodgett sur un polymère.
(B) Dépôt de films Langmuir- Blodgett ou auto-assemblage d'une monocouche lipidique dont les lipides sont couplés à un groupe espaceur au niveau des têtes polaires.
(C) Fusion des vésicules contenants de lipides avec leurs têtes polaires modifiées chimiquement dont le but d'avoir un site de reconnaissance spécifique pour la monocouche auto-assemblée et fonctionnalisée au dessus du substrat.

La deuxième est obtenue par l'insertion d'un groupe espaceur au niveau des têtes polaires des lipides. Celui-ci possède une fonction thiol ou NHS capable de créer une liaison covalente avec la surface d'or ou aminée respectivement (Figure 13, partie II). *Baumgart et al.* (*2003*) ont utilisé cette stratégie en remplaçant les lipides modifiés par un thiolipopeptide.

21

Dans la Figure 13-III, les vésicules comportent des lipides qui ont des têtes polaires modifiés chimiquement. Le support est activé de façon d'avoir un site de reconnaissance des lipides modifiés. Ensuite, les vésicules sont fusionnées pour former des bicouches lipides décollées du support.

2. d- Modèle membranaire supporté développé dans notre unité

Ce modèle membranaire apparenté à ceux de la figure 13-III, est celui des bicouches lipidiques supportées par un pontage moléculaire de biotine/streptavidine dans un support d'oxyde d'aluminium nanoporeux (AAO). Une stratégie par étapes a été mise au point pour l'établissement d'une bicouche lipidique supportée sur « pilotis » de streptavidine (Proux-Delrouyré *et al.*, 2001 ; Proux-Delrouyré *et al.*, 2002). Ce modèle est beaucoup plus robuste que ceux réalisés en solution et permet en plus d'isoler un compartiment interne entre la bicouche et le support, indispensable pour l'insertion de protéines transmembranaires (Figure 14).

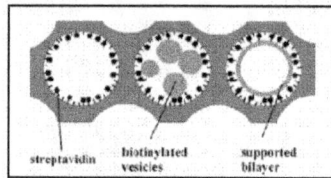

Figure 14. Représentation d'une bicouche lipidique supportée par un pontage moléculaire biotine-streptavidine (Proux-Delrouyré *et al.*, 2001).

Les molécules de la fonctionnalisation du support AAO sont bi-fonctionnelles, d'une part pour mettre en place le premier échelon de la construction moléculaire. Un groupement silane est requis pour l'ancrage sur un support d'oxyde d'aluminium nanoporeux (AAO). L'autre fonction des molécules de la fonctionnalisation est soit un $-NH_2$ (Tripp et Hair, 1991 ; Tripp et Hair, 1993 ; White et Tripp, 2000, Proux-Delrouyré *et al.*, 2001) soit un $-SH$ (DeRosa *et al.*, 2007).

Les deux fonctions ($-NH_2$ et $-SH$) permettent de créer une liaison avec le groupe $-COOH$ de la biotine-NHS en libérant une molécule d'H_2O pour chaque liaison. Cette étape de

22

dérivation de support nécessite des améliorations (Chapitre 3). Cette amélioration devant permettre de mieux contrôler l'orientation des molécules liées au support afin de mieux contrôler la fixation ultérieures de la biotine.

Le système biotine/streptavidine est un outil biotechnologique: il constitue la base de plusieurs kits de détection ou de quantification d'analystes. Il est couramment employé lors des tests immunologiques. Ainsi, cette affinité biologique a trouvé des applications dans notre domaine (Bayer et Bloom, 1990 ; Sundberg *et al.*, 1995).

En raison des dimensions de la streptavidine (4 nm * 5.5 nm * 5.5 nm), des contraintes stériques risquent d'apparaître lors du recouvrement de la surface par la protéine. En effet, Frey *et al.* (1995) ont monté que 10% de la surface biotinylée suffisaient pour obtenir une monocouche complète de streptavidine. Cette étape de la construction moléculaire peut être limitante dans la construction de la membrane. Ainsi, des vésicules géantes de phosphatidylcholine adhèrent à une monocouche dense de streptavidine mais ne se rompent pas pour former une bicouche plane (Feder *et al.*, 1995). Il semble nécessaire de contrôler le taux de recouvrement en streptavidine. Une étude par la résonance de plasmon de surface (RPS) de fusion de liposomes biotinylés sur une construction semblable a montré qu'il y avait formation d'une bicouche pour recouvrement en avidine d'environ 10 à 15% (Boireau, 1999).

D- Techniques biophysiques d'analyses des membranes biomimétiques

1- Cas des membranes biomimétiques non-supportées

Dans ce travail, le modèle biomimétique non-supporté, que nous utilisons principalement, est les monocouches à l'interface air-eau. Durant de nombreuses années, l'analyse des monocouches a été réalisée essentiellement en mesurant les variations de pression de surface soit en fonction du temps (cinétique d'adsorption), soit en fonction de l'aire moléculaire (isotherme) (Maget-Dana, 1999). Plus récemment, d'autres techniques, permettant d'analyser la morphologie et la structure de films mono moléculaires à l'interface air-eau, ont été mises au point (Brockman, 1999 ; Boucher et al., 2007). On peut citer l'épifluorescence (Losche et Mohwald, 1984), la microscopie à l'angle de Brewster ou BAM (Hénon et Meunier, 1991 ; Hönig et Möbius, 1991), la réflexion des rayons X (Kaganer et al., 1999), la microscopie à force atomique ou AFM (Ding et al., 2003) et la spectroscopie infrarouge de réflexion-absorption par modulation de polarisation ou PM-IRRAS (Blaudez et al., 1999 ; Desmeules et al., 2007). Nous insisterons sur les techniques utilisées dans le cadre de notre étude, en l'occurrence le PM-IRRAS et le BAM.

1-a. Microscopie à l'Angle Brewster

Contrairement à l'épifluorescence qui nécessite l'addition de sondes fluorescentes dans la monocouche pour la visualiser, le BAM fournit des informations in situ. Il permet l'analyse de la morphologie et de l'épaisseur relative de la monocouche. Il est également sensible à la densité du film. Ainsi des domaines condensés de molécules donnent des contrastes différents selon leur degré de condensation, ce qui permet de visualiser leur organisation.

Le principe de cette méthode est illustré par la figure15. Pour un faisceau de lumière polarisé parallèlement au plan d'incidence, il existe un angle spécifique d'incidence α qui ne produit aucune réflexion. L'angle est défini par :

$$\text{Tan } \alpha = n_2 / n_1$$

où n_2 est l'indice de réfraction de la sous-phase et n_1 celui de l'air.

24

Pour l'interface air/eau, n_1 est égal à 1, et n_2 à 1,33 et l'angle (découvert par Sir David Brewster en 1815) est de l'ordre de 53°. Cet angle est appelé angle de Brewster.

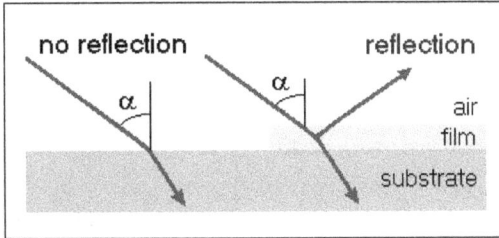

Figure 15. Réflexion d'une onde lumineuse polarisée (en rouge) à l'interface air-eau et à l'interface air-film mince-eau à une incidence de Brewster.

En introduisant un film fin entre l'air et l'eau, les propriétés du système changent car la monocouche présente un indice différent de celui des deux milieux air et eau. Le faisceau lumineux est alors réfléchi.

Le microscope à l'angle de Brewster comprend une source lumineuse laser, des filtres polarisants dont l'un permet la polarisation du faisceau incident et le second l'analyse de la polarisation du faisceau réfléchi. La caméra CCD permet la visualisation du film (Figure 16).

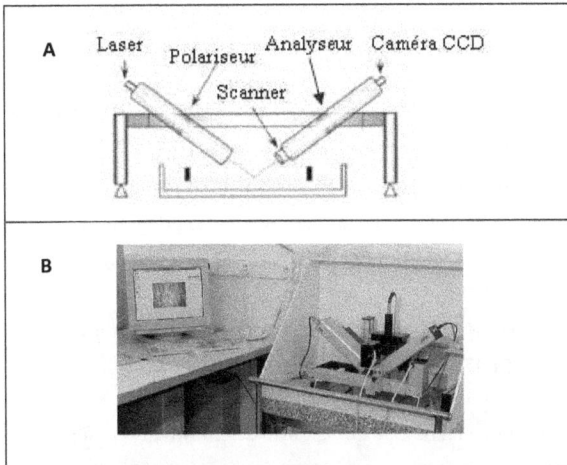

Figure 16. Schéma du principe de BAM (A) (Volinsky *et al.*, 2006)
et photographie du microscope à l'angle de Brewster (B) (www.ipcms.u-starbg.fr, Janvier 2009).

L'utilisation de BAM permet de visualiser les changements d'organisation des monocouches liés aux transitions de phases des lipides lors de leur compression (Rodriguez-Patino *et al.*, 1999). Le BAM a permis de mettre en évidence une transition de phase, qui n'avait pas été détectée lors de l'étude des isothermes (Overberck et Möbius, 1993).

Les domaines observés, correspondant à des zones condensées et dépendant de la phase des lipides montrent une grande variété de tailles et de formes. La forme des domaines condensés dépend de nombreux paramètres comme la nature de la molécule amphiphile, la température, la composition de la sous phase aqueuse, la technique d'étalement des molécules amphiphiles et la vitesse de compression de la monocouche.

L'étude d'une monocouche de DPPC durant la compression montre l'apparition de domaines condensés durant la transition de phase qui est mise en évidence sur l'isotherme de compression. Ces domaines deviennent de plus en plus importants pour former une phase homogène à la fin de la transition (Vollhardt et Fainerman, 2000; Kouzayha *et al.*, 2005).

D'autres types d'analyse à l'interface air/eau, comme les interactions lipide-protéine ou lipide-peptide, peuvent être réalisés par le BAM. Dans le cas de la protéine C de surfactant pulmonaire, Jordanova *et al.* (2008) ont montré que les interactions de cette protéine avec des monocouches de dipalmitoléoylphosphatidyléthanolamine (DPoPE) dépendent de la phase de ce lipide.

Le BAM a permis aussi de caractériser les interactions de la phospholipidase D ou PLDSc (pour *phospholipase D from Streptomyces chromofuscus*) avec deux de ses activateurs, le DAG (pour *diacylglycerol*) et le PA (pour acide *phosphatidique*) (El Kirat *et al.*, 2004). Les images de BAM indiquent que l'interaction de l'enzyme PLDSc avec le DAG se produit préférentiellement dans la phase liquide expansée (LE) de la monocouche lipidique.

1-b. Spectroscopie infrarouge de réflexion-absorption par modulation de polarisation (PM-IRRAS)

L'infrarouge est une technique qui apporte des informations sur la structure secondaire des peptides ou des protéines et sur la formation des liaisons hydrogènes inter et intra moléculaires (Lee et Chapman, 1986 ; Susi et Byler, 1987 ; Blaudez *et al.*, 1999).

Les radiations infrarouges affectent les énergies vibrationnels et rotationnelles des molécules. La fréquence de vibration d'une molécule diatomique dépend de la masse réduite de ses deux atomes, ainsi que de la constante de force de la liaison qui les unit. Un changement de la masse d'un des atomes d'une molécule diatomique (tel que le remplacement d'un ^{1}H par ^{2}H) provoque alors un changement de la fréquence de vibration de cette molécule. La formation d'une liaison hydrogène avec une molécule diatomique affecte la constante de force de sa liaison, et induit également une modification des sa fréquence de vibration (Pistorius, 1995).

Dans les cas d'une molécule polyatomique, d'autres modes vibrationnels interviennent. On cite, parmi ces modes, les vibrations d'élongation ou vibrations de valence "ν" et des vibrations de déformation "δ". Dans une vibration de valence, le mouvement des atomes a lieu selon l'axe de la liaison chimique. Dans une vibration de déformation, les atomes se déplacent perpendiculairement à la liaison de valence, et la molécule se déforme. L'énergie nécessaire pour obtenir une vibration de déformation est plus faible que celle nécessaire pour obtenir une vibration de valence.

Les bandes IR donnant le plus d'informations structurales pour une protéine proviennent essentiellement des différentes vibrations des liaisons amides (Susi, 1969 ; Miyazawa *et al.*, 1956). On peut distinguer neuf types de bandes amides et les bandes amide I, amide II et amide III sont les plus exploitées (Tableau 1).

Tableau 1. Bandes amides associées à la liaison peptidique (Susi, 1969 ; Miyazawa *et al.*, 1956)

Bande amide	Nombre d'onde approximatif du maximum d'absorption [1] cm^{-1}	Contribution de chaque mode de vibration dans la bande amide [2]
I	1650	80% ν(C=O); 10% ν(C-N); 10% δ(N-H)
II	1560	40% ν(C-N); 60% δ(N-H)
III	1300	10% ν(C=O); 30% ν(C-N); 30% δ(N-H); 10% δ(O=C-N); 20% autres contibutions

[1] Ces fréquences ont été obtenues pour le N-méthylacétamide.
[2] ν désigne les vibrations d'élongation et δ désigne les vibrations de déformation.

La bande amide I est de loin la plus exploitée (Lee et Chapman, 1986 ; Goormaghtigh *et al.*, 1994 ; Arrondo *et al.*, 1993 ; Jackson et Mantsch, 1995 ; Vass *et al.*, 2003) car c'est la bande la plus intense et chaque type de structure secondaire donne lieu à un spectre d'adsorption caractéristique. Le tableau 2 présente les nombres d'ondes des modes vibrationnels correspondant aux principaux types de structure secondaire.

Tableau 2. Nombres d'onde de la bande amide I associés aux différentes structures secondaires
(Lee et Chapman, 1986 ; Jackson et Mantsch, 1995).

Structure secondaire	Nombre d'onde (cm^{-1})
Hélice α	1650-1655
Feuillet plissé β	1620-1640 1675-1695
Structures apériodiques	1656-1660
Coudes	1665-1670

Dans le cas des feuillets plissés β, on peut distinguer en théorie, les feuillets β antiparallèles et parallèles. En pratique, c'est beaucoup moins évident. En effet, si Krimm et Bandekar (1986) considèrent qu'on peut distinguer les feuillets β antiparallèles des feuillets β parallèles par la présence d'une bande vers 1680-1695 cm^{-1} en plus de la bande à 1620-1640 cm^{-1}. Ce n'est pas le cas de Susi et Byler (1987) qui considèrent que les deux types de feuillets ne peuvent pas être distingués. Par ailleurs, les feuillets β qui accompagnent la formation d'agrégats protéiques absorbent vers 1610-1628 cm^{-1} et vers 1675-1695 cm^{-1} (Jackson et Mantsch, 1995).

Dans le cas des phospholipides, les principaux groupements qui donnent des bandes sont: CH_3, CH_2, C=O ester et du groupement phosphate (Tableau 3). La localisation de ces bandes d'absorption varie en fonction des conditions expérimentales (Tamm et Tatulian, 1997). L'IR permet d'analyser les changements de conformation et/ou l'évolution des liaisons hydrogènes (formation ou disparition) liés aux interactions lipides-protéines (ou peptides) (Bonnin *et al.*, 1999 ; Arrondo et Goni, 1999).

28

Tableau 3. Localisation des bandes infrarouges caractéristiques des phospholipides
(Tamm et Tatulian, 1997 ; Casal et Mantsch, 1984).

Type de vibration	Nombre d'onde approximatif (cm^{-1})
vas CH_3	$2956^{(1)}$
vs CH_3	2870
vas CH_2	2920
vs CH_2	2850
δ CH_2	1468
vas CD_3	2212 et 2169
vs CD_3	2070
vas CD_2	2194
vs CD_2	2089
ν C=O	1725-1740
vas PO_2.	1228
vs PO_2.	1085

[1] Dans le cas de la choline, le nombre d'onde se situe vers 3040 cm^{-1} ce qui est lié au groupement $N(CH_3)_3$.
ν désigne les vibrations d'élongation qui peuvent être asymétrique (vas) ou symétrique (vs).
δ désigne les vibrations de déformation.

La grande diversité des montages expérimentaux permet la caractérisation de pratiquement tout type d'échantillon, quelque soit leur état physique ou de surface. Cependant, dans le cas de couches ultraminces inférieures à 500 Å d'épaisseur, la spectroscopie FT-IR conventionnelle atteint ses limites de sensibilité et de détection. On utilise, alors, une méthode de réflectivité différentielle basée sur la modulation rapide de la polarisation de l'onde électromagnétique qui privilégie les absorptions de surface : la Spectroscopie Infra Rouge de Réflexion Absorption par Modulation de Polarisation (PM-IRRAS) (Buffeteau *et al.*, 1991).

Cette méthode améliore la détection de plusieurs ordres de grandeur car elle permet d'extraire les adsorptions anisotropes polarisées des molécules orientées en surface, des adsorptions isotropes intenses de la vapeur d'eau et de la sous phase. Les spectres peuvent être collectés sans purge préalable de l'échantillon.

Le principe de PM-IRRAS est de combiner plusieurs techniques: la réflectivité en lumière polarisée et sous incidence quasi-rasante (IRRAS), la modulation rapide de la polarisation du faisceau incident à l'aide d'un modulateur photoélastique. Il a été montré qu'un angle d'incidence de 75° est le plus approprié à la fois pour le rapport signal/bruit et pour la sensibilité à l'anisotropie des molécules de la monocouche (Blaudez *et al.*, 1999).

Le dispositif expérimental du PM-IRRAS comprend un spectromètre FT-IR et un montage optique de modulation de polarisation implanté à l'extérieur du spectromètre (Figure 17). Le signal de réflectivité différentielle normalisé obtenu correspond à:

$$\frac{\Delta R}{R} = \frac{(Rp - Rs)}{(Rp + Rs)}$$

Où R_p correspond à la réflectivité mesurée pour la polarisation parallèle du faisceau incident, R_s correspond à la réflectivité mesurée pour la polarisation perpendiculaire du faisceau incident.

L'intérêt principal de la technique réside dans la possibilité de déterminer les orientations des molécules au niveau de la monocouche. Le sens des bandes par rapport à la ligne de base et leur intensité sont gouvernés par une règle de sélection dépendant de l'orientation des moments de transition des différentes vibrations. Ainsi, ces paramètres permettent d'obtenir des renseignements sur l'orientation des groupes moléculaires eux-mêmes à la surface de l'eau.

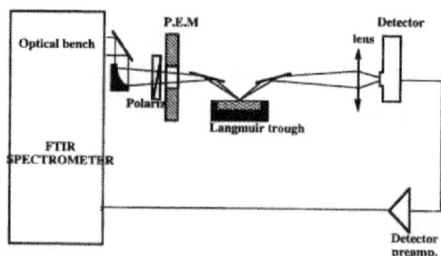

Figure 17. Montage expérimental de la spectroscopie IR par modulation de polarisation (PM-IRRAS) à la surface de l'eau (Cornut *et al.*, 1996).

Les moments de transition dans le plan de l'interface donnent des bandes positives intenses alors que les moments de transition perpendiculaires au plan donnent des bandes négatives. Entre ces deux cas extrêmes, l'orientation générale du moment de transition conduit à une compétition entre les contributions positives et négatives (Castano *et al.*, 1999b).

Les spectres PM-IRRAS renseignent donc à la fois sur la conformation et sur l'orientation des molécules, il est ainsi parfois difficile de déterminer si des variations traduisent le changement de l'un ou de l'autre paramètre. Il est dans ce cas intéressant d'effectuer des simulations à partir des coefficients anisotropes des molécules afin d'aider l'interprétation du spectre obtenu. Cornut *et al.*, 1996 ont simulé des spectres pour une monocouche de polypeptides ne comportant que des hélices α en utilisant des indices optiques anisotropes. Ces indices ont été déduits de données présentées dans la littérature et non directement déterminées par IR. Le changement de l'orientation de l'hélice α par rapport à la normale à l'interface influence la forme du spectre PM-IRRAS obtenue. Ainsi, pour les 2 cas extrêmes on observe:

-Une forte bande amide I négative et une forte bande amide II positive pour un angle d'inclinaison de 0° c'est-à-dire l'hélice α perpendiculaire à l'interface.

-Une forte bande amide I positive et une faible bande amide II positive pour une inclinaison de 90° c'est-à-dire l'hélice α parallèle à l'interface.

Il apparaît pour chaque valeur de l'inclinaison une forme du spectre et des intensités spécifiques. Ces simulations ont été republiées récemment par Desmeules *et al.*, 2007.

Ensuite, un autre type de simulation a été réalisé à partir de films de Langmuir-Blodgett, qui ont permis de déterminer les constantes optiques anisotropes de peptides synthétiques (Buffeteau *et al.*, 2000). Ces peptides synthétiques ont une structure secondaire soit hélices α soit feuillets β antiparallèles. Dans le cas des hélices α, les simulations ont montré une parfaite ressemblance avec les spectres expérimentaux, ce qui indique que le transfert de Langmuir-Blodgett ne perturbe pas l'orientation. Dans le cas des feuillets, un décalage est observé entre le spectre théorique et le spectre expérimental, indiquant des interactions entre les feuillets β et le support utilisé au cours de transfert. Ces travaux ont mis en évidence la très grande sensibilité du rapport amide I/amide II en fonction de l'orientation des structures secondaires (Castano *et al.*, 2000). Très récemment, l'utilisation des techniques combinées, BAM et PM-IRRAS, a permis de caractériser l'interaction d'un fragment d'ADN avec les lipides BGTC (pour *bis(guanidinium)-tris(2-aminoethyl)amine-cholesterol*) (Castano *et al.*, 2008).

2- Cas des membranes biomimétiques supportées

Les membranes artificielles supportées sont le plus souvent composées de phospholipides organisés en bicouches. Les bicouches lipidiques supportées permettent d'étudier la structure et l'orientation des protéines ou des peptides insérées dans la bicouche. Elles sont utilisées pour des expériences de spectroscopie infrarouge par réflexion totale atténuée (Goormaghtigh *et al.*, 1999), de résonance de plasmon de surface (Alves *et al.*, 2005), de diffraction de rayons X ou de neutrons (Knoll *et al.*, 2000), de microscopie à force atomique (Dufrêne et Lee, 2000), ou encore de résonance magnétique nucléaire du solide (Watts *et al.*, 2004).

Cette partie n'est pas un récapitulatif exhaustif des techniques d'analyse des membranes supportées et nous décrivons seulement la RMN des solides, technique utilisée dans notre étude. Deux noyaux, ^{31}P et ^{15}N, ont été analysés par RMN des solides pour étudier les bicouches lipidiques supportées en présence des peptides transmembranaires. Un troisième noyau, le ^{1}H, a fait l'objet d'analyse HR-MAS (pour *High-Resolution Magic Angle Spinning*) pour développer le modèle membranaire dans l'AAO.

2-a. La RMN des solides en ^{31}P et ^{15}N

Le noyau ^{31}P, de spin ½, est un isotope stable dont l'abondance naturelle est proche de 100%. De plus, le groupement polaire des phospholipides contient un unique atome de phosphore. Ainsi, les spectres RMN du ^{31}P sont relativement simples à analyser.

Lorsqu'il n'y a pas d'orientation privilégiée de l'échantillon, les expériences statiques RMN du ^{31}P donnent des raies larges dont l'allure est représentative de la distribution des lipides dans l'espace (Seelig J., 1987). Les spectres ^{31}P en rotation à l'angle magique (54°7 par rapport au champ magnétique permanent) permettent avec des vitesses supérieures à l'ADC (Anisotropie de Déplacement Chimique) de moyenner les interactions du déplacement

32

chimique et d'obtenir des spectres de haute résolution dont les pics de résonance sont centrés sur les déplacements chimiques isotropes. Lorsque la vitesse de rotation est inférieure à l'ADC, les spectres présentent alors des bandes de rotation espacées par $\omega_r/2\pi$ (ω_r est la vitesse de rotation).

Ainsi, Glaubitz et Watts (1998) ont proposé une stratégie qui s'appui sur l'analyse des intensités des bandes de rotation afin d'obtenir des informations structurales à partir des modèles orientés entre des lames de verre. Cette technique, appelée MAOSS (pour *Magic Angle Oriented Spinning Sample*) permet d'obtenir pour une vitesse de rotation inférieure à l'interaction anisotrope des bandes de rotations dont les intensités sont dépendantes de l'orientation des lipides dans le rotor. Plus récemment, Glaubitz (2000) a montré l'effet de l'orientation sur les spectres MAOSS en [15]N (Figure 18c). Dans cette figure, il a présenté aussi la bonne résolution et la sensibilité de la technique MAOSS en ^{15}N par rapport aux techniques statiques.

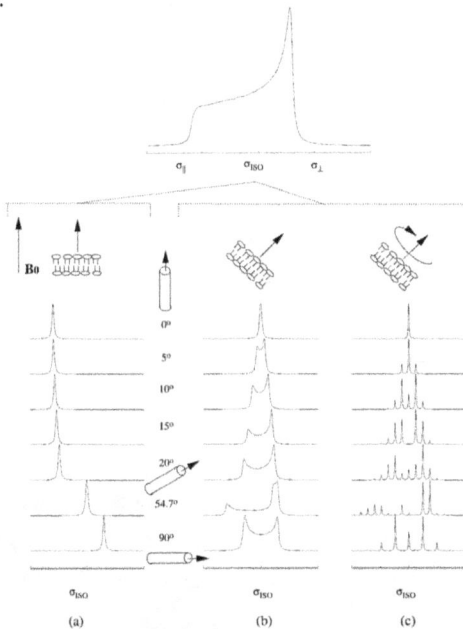

Figure18. Simulations de l'orientation de peptide en hélice α, marqué en ^{15}N, dans une membrane par les mesures de l'anisotropie de déplacement chimique (ADC) en [15]N. La normale de la membrane est (a) parallèle au champ magnétique (B_0) ; (b) à l'angle magique par rapport au B_0 ; (c) est à l'angle magique par rapport au B_0 et en rotation (MAOSS).

33

En 2002, Sizun et Bechinger ont appliqué la technique MAOSS en orientant les bicouches de telle sorte que leur normale soit perpendiculaire à l'axe de rotation. Le but était de proposer un système expérimental permettant d'orienter un peptide dans une membrane et d'en déterminer le degré d'orientation. S'inspirant des expériences sur le polymère de PEEK, un autre film a été utilisé, où les membranes biomimétiques sont adsorbées à la surface d'une feuille de PolyEthylène Téréphtalate (PET) (Figure 19) (Wattraint et Sarazin, 2006). La simulation des spectres MAOSS en ^2H ont montré l'orientation des bicouches du DMPC-d_{54} adsorbées sur le PET. L'orientation obtenue est de l'ordre de 65% de lipides orientés et une mosaïcité de 18°. Comparé à la valeur obtenue pour ce même échantillon pour les expériences en statiques (85%), on peut envisager un effet de désorption par la rotation.

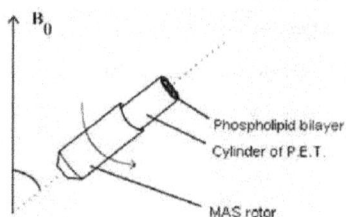

Figure 19. Distribution des phospholipides adsorbés à la surface d'un cylindre de PET.
(Wattraint, 2004)

Dans cette thèse, le PET représente le modèle biomimétique choisi pour analyser l'influence de l'insertion de peptides sur l'orientation des bicouches phospholipidiques par MAOSS ^{31}P et ^{15}N car, du fait de sa géométrie, l'orientation des lipides est similaire à celle dans la bicouche supportée dans l'AAO.

En effet, l'orientation du peptide dans des membranes biomimétiques supportées peut être déterminée par la spectroscopie RMN en ^{15}N. Ce noyau a une très faible abondance naturelle, ce qui nécessite des peptides issus de la synthèse chimique marqués à l'azote-15 pour gagner en terme de sensibilité dans les échantillons ou la biosynthèse à partir de microorganismes en utilisant des milieux de culture contenant des molécules marquées à l'azote-15 (Bechinger *et al.*, 2001).

Les acides aminés marqués (par exemple alanine, leucine) sont disponibles dans le commerce pour réaliser la synthèse de peptides marqués. Contrairement aux productions de peptides marquées uniformément dans des souches bactériennes, la synthèse de peptide marqué nous permet de cibler plus facilement une liaison amide individuelle dans la séquence peptidique. En effet, le ciblage d'une seule liaison amide, par le marquage en ^{15}N induit des distances suffisamment grandes entre les noyaux ^{15}N pour ignorer toutes les interactions entre eux. En outre, les interactions du ^{1}H abondant avec les noyaux ^{15}N sont découplées par irradiation de haute puissance à la fréquence du ^{1}H.

Vu la faible sensibilité du noyau ^{15}N et le long temps de relaxation (T1), il est nécessaire d'envisager une séquence de polarisation croisée de. L'idée fondamentale est de transférer la magnétisation du proton (noyau sensible et abondant) sur celle de l'azote-15. Dans ce cas, on utilise les conditions de Hartmann – Hahn :

$$\gamma_H B_1^H = \gamma_N B_1^N$$

Par conséquent la polarisation croisée permet d'exécuter les expériences RMN en azote-15 avec un temps de répétition beaucoup plus court. Cette séquence de polarisation a été utilisée en appliquant la technique MAOSS pour analyser l'orientation des peptides dans des membranes biomimétiques supportées (Mason et al., 2004).

Avec le modèle des bicouches sur le polymère de PEEK, Sizun et Bechinger (2002) ont pu appliquer le MAOSS en ^{15}N pour analyser l'orientation d'un peptide marqué en ^{15}N sur un azote d'une liaison amide.

2-b. La RMN du proton HR-MAS

La RMN du proton permet généralement d'identifier la plupart des biomolécules. Le développement récent des sondes solides HR-MAS intégrant des gradients de champ magnétique permet également d'envisager des expériences de diffusion.

Le coefficient de diffusion peut alors être déterminé à partir d'expériences mettant en œuvre la technique d'échos stimulés à gradients de champ pulsés (PFG-STE). Pampel et al. (2002) ont pu mesurer aussi la diffusion de l'eau dans une phase cubique composé par du DSPE et du Méthyl-PEG. En 2003, Pampel et al. développent un formalisme permettant de prendre compte la contrainte géométrique de la diffusion des lipides dans des MLV assimilées à des ellipses. Ils mesurent alors les coefficients de diffusion corrigés de la POPC et d'un petit peptide (WALP 16) dans des systèmes de vésicules lipidiques.

L'équation de l'atténuation du signal normalisé de RMN (R ou I/I_0), après l'application de deux impulsions gradients séparés par le temps de diffusion D, est donné par (Callaghan *et al.*, 1979):

$$R = e^{-kD} \int_0^1 e^{kDx^2}\,\mathrm{d}x \qquad (1)$$

Avec x=cos(θ), θ étant l'angle entre la normale à la bicouche et l'axe du gradient de champ et k est un facteur dépendant de la séquence d'impulsion et des paramètres d'expérimentation.

Dans notre cas,
$$k = 4\cdot\gamma^2 g^2\delta^2\left(\Delta - \frac{T}{2} - \frac{\delta}{8}\right) \qquad (2)$$

Avec γ le rapport gyromagnétique, g la puissance du gradient, δ la durée du gradient, Δ le temps de diffusion et T la durée entre les deux impulsions π/2 entre l'application des gradients. Pour chaque temps de diffusion Δ, on obtient un coefficient de diffusion mesuré expérimentalement D_{app}. Ce coefficient est décrit dans l'équation suivante (Gaede et Gawrisch, 2003).

$$\mathrm{Ln}\frac{I}{I_0} = -\frac{2}{3}K.D_{app} + \frac{2}{45}(K.D_{app})^2 \qquad (3)$$

Ce formalisme a été utilisé à nouveau par Gaede *et al.* (2004) pour mesurer la diffusion des lipides adsorbés dans des fragments d'AAO désorganisés dans le rotor. Pour des bicouches orientées dans l'AAO, lorsque les disques sont empilés comme indiqué dans la figure 20, la normale à la bicouche est perpendiculaire à l'axe des gradients.

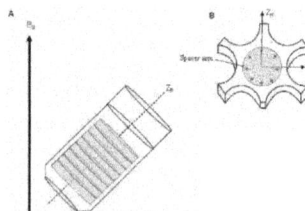

Figure 20. Représentation des disques d'oxyde d'aluminium amplifiés dans le rotor MAS en rotation à l'angle magique (A) et d'une membrane phospholipidique à l'intérieur d'un pore du support (B) (Z_R: axe de rotation du rotor MAS et N : la normale à la membrane phospholipidique). (Wattraint *et al.*, 2005)

L'aspect de la dynamique au sein de cette structure a été abordé sur une sonde haute résolution à l'angle magique (HR-MAS). L'application de technique d'échos stimulés à gradients de champ pulsés (PFG-STE) en proton sur l'échantillon orienté a permis d'obtenir le coefficient de diffusion latéral des lipides, de l'eau et de l'ubiquinone, composant clef dans les chaînes de transport d'électrons. Les valeurs, pour les lipides et l'ubiquinone, de l'ordre de 2. 10^{-12} m^2/s sont tout à fait satisfaisantes pour un modèle membranaire biomimétique. Cette technique a également permis de vérifier que les pores ne sont pas obstrués par des vésicules et que l'eau diffuse librement après fusion des vésicules. Comparé aux vésicules multilamellaires ou au film adsorbé sur un polymère, la construction dans l'oxyde d'aluminium permet d'avoir un meilleur état d'hydratation, ce qui est un point essentiel du biomimétisme membranaire. Indirectement, on peut vérifier la présence de la bicouche lipidique surélevée en déterminant la diminution du diamètre des pores après construction. D'autre part, la distribution cylindrique des phoshoplipides conduit à un profil particulier du logarithme de l'atténuation du signal en fonction d'un facteur dépendant de la force du gradient. Nous avons ainsi montré l'apport de la combinaison entre échantillon orienté et RMN Haute Résolution à l'angle magique (HR-MAS) pour l'étude dynamique *in situ* (Wattraint et Sarazin, 2005).

Dans un premier temps, nous avons analysé des spectres RMN du ^{1}H HR-MAS pour suivre l'évolution de la dérivation du support AAO. Ensuite, nous avons appliqué le PFG-STE pour déterminer les coefficients de diffusion de l'eau dans les pores d'AAO pour vérifier l'état des pores après les dérivations.

E- Les peptides antimicrobiens et les membranes biomimétiques

Les peptides antimicrobiens sont une des classes importantes de peptide, qui interagissent avec les membranes. Leur mode d'action provient du fait qu'ils sont capables de percer la membrane des cellules du pathogène. Pour lutter contre les infections, les plantes, les invertébrés mais aussi les vertébrés ont un «système immunitaire inné» qui comprend entre autres un arsenal de peptides antimicrobiens. Ils sont constitués de petites chaînes d'acides aminés qui varient de 9 à 100 résidus et sont le plus souvent basiques et amphiphiles. Ils se présentent sous forme d'hélice-α, de feuillet-β ou bien comporte ces deux types de structures (Dimarcq *et al.*, 1999, Shai, 1999 ; 2002).

Dans notre travail de thèse, nous nous sommes intéressés à l'alaméthicine qui appartient à la famille des peptaibols. D'origine fongique (Lee *et al.*, 1999), les peptaïbols sont définis comme étant une classe de molécules antibiotiques (Reiber *et al.*, 2003 ; Shenkarev *et al.*, 2004) et présentant une forte toxicité capable de percer la membrane des cellules de l'hôte (Becker *et al.*, 1997 ; Wada et Tanaka, 2004).

Selon Dogenkolb *et al.* (2003), le nom peptaibols (**pept**ides acide α-**a**mino **iso** **b**utyrique **a**mino alco**ol**) a été proposé par Benedetti *et al.* (1982) et Brückner *et al.* (1984). Il désigne les peptides dotés des caractéristiques suivantes :

*poids moléculaire variant entre 500 et 2200 Da,

*structure linéaire,

*issus d'une biosynthèse protéique non ribosomique,

*abondance d'acides aminés inhabituels hydrophobes non codés : les α-alkyl-α-amino acides, surtout l'acide α,α-diméthyl amino acide ou acide α-amino isobutyrique (désigné par U ou Aib) et l'Isovaline (désigné par J) (Reiber *et al.*, 2003).

* en milieu neutre, comprenant une partie N-terminale hydrophobe chargée positivement souvent constituée d'un résidu Aib acétylé et une partie C-terminale hydrophile chargée négativement souvent constituée d'un aminoalcool (Rebuffat *et al.*, 1995 ; Becker *et al.*, 1997 ; Grigoriev *et al.*, 2002 ; Brückner et Koza, 2003).

Dans la plupart des mécanismes décrits, la fixation à la membrane est suivie d'une perméabilisation de cette dernière qui peut provoquer seule la mort cellulaire, ou n'être qu'une étape dans des processus plus complexes. La perméabilisation résulte d'une interaction des peptides avec les bicouches de phospholipides membranaires :

*Soit par formation de pores ou de canaux, suivie de fuite d'éléments cytoplasmiques,

*Soit par dépolarisation de la membrane,

*Soit par rupture de la membrane par excès d'incorporation de peptides (Tossi *et al.*, 2000).

Le premier mécanisme proposé est le modèle des pores en douve de tonneaux (Barrel-stave model). Ce modèle est proposé pour le mécanisme d'action de l'alaméthicine qui conduit à la formation des canaux ioniques (Tieleman *et al.*, 2001) (Figure 21).

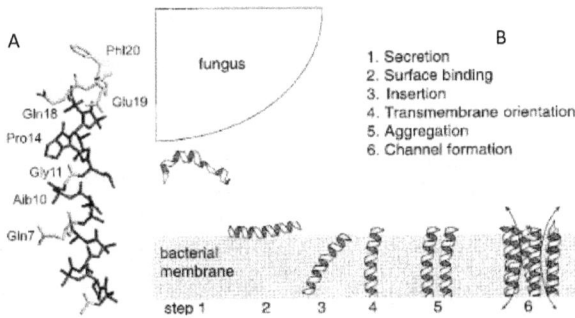

Figure 21. Structure de l'alaméthicine. (A) hypothèse sur le mécanisme idéal de la formation des canaux ioniques par l'alaméthicine (B). (*Tieleman et al., 2001*).

Dans ce mécanisme, les peptides fixés sur la membrane écartent les têtes hydrophiles externes des phospholipides et pénètrent par leur pole hydrophobe dans la membrane. Lorsqu'un certain seuil est atteint, ces peptides s'assemblent en repoussant les phospholipides et en orientant leur domaine hydrophobe vers les phospholipides, créant un pore dont la paroi interne est tapissée de domaines hydrophiles.

Un deuxième mécanisme a été proposé pour le mode d'action des peptides antimicrobiens. Ce mécanisme repose sur l'accumulation de peptides parallèles à la membrane, formant un tapis qui s'insinue plus ou moins entre les têtes hydrophiles des phospholipides, provoquant des déplacements et des perturbations dans la fluidité de la membrane aboutissant à sa rupture (Figure 22).

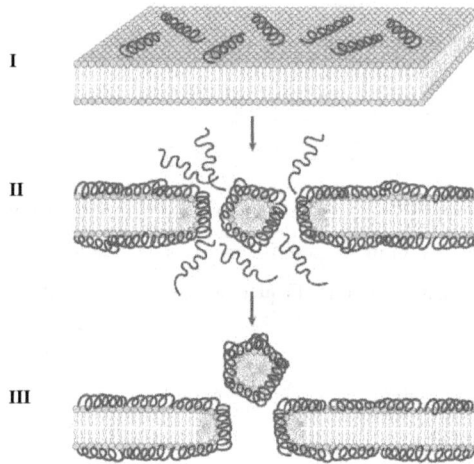

Figure 22. Action des peptaïbols sur la bicouche phospholipidique selon le modèle du « mécanisme en tapis »,
(**I**) adhésion, (**II**) agrégation, (**III**) micellation (Brogden, 2005).

Comme la première étape du mécanisme d'action des peptides antimicrobiens est leur interaction avec le feuillet externe de la membrane biologique. Ainsi, les monocouches à l'interface air-eau constituent un modèle biomimétique permettant de caractériser les interactions lipides-peptides. Ce modèle a permis d'analyser l'interaction et l'organisation de plusieurs peptides antimicrobiens (vancomycine, gramicidine, alaméthicine,...) dans le feuillet lipidique externe de la membrane à l'interface air-eau (Maget-Dana, 1999 ; Jelinek et Kolusheva, 2005 ; Volinsky *et al.*, 2004 ; 2006).

A l'interface air-eau, les images de BAM de l'alaméthicine, peptide antimicrobien connu pour sa structure stable en α-hélice (Marsh, 1996) ont montré que ce peptide, soit seul à l'interface air-eau, soit en présence de lipides, forme des agrégats (Volinsky *et al.* 2004 ;

Haefele *et al.*, 2006). Très récemment, Krishnaswamy *et al.* (2008) ont pu aussi démontrer que l'agrégation des peptides antimicrobiens affecte la viscoélasticité des monocouches phospholipidiques.

De nombreuses études des peptaibols purs avaient pour but la compréhension de la sélectivité ionique des canaux induits (Brückner et Koza, 2003). Il semblerait que la conductivité du canal ionique répond à un transport passif et est directement proportionnelle au rayon du pore, donc au nombre d'hélices le constituant (Sansom, 1993 ; Iida *et al.*, 1995). Les extrémités N et C-terminales de ces canaux comporteraient un anneau interne de charges négatives jouant un rôle dans la conductance du canal ionique qui est, de ce fait, un canal à cations (Sansom, 1993 ; Chugh *et al.*, 2002).

Dans le cas de l'alaméthicine et de ses analogues, les canaux présentent une faible sélectivité ionique (Samson, 1993). Ces canaux sont plus probablement cationiques, souvent à Ca^{2+} (Tachikawa *et al.*, 1991 ; Kitagawa *et al.*, 1998), mais aussi à Mn^{2+}, K^+, Na^+ et Ni^{2+} (Fonteriz *et al.*, 1991 ; Dathe *et al.*, 1998 ; Chugh et Wallace, 2001 ; Oreilly et Wallace., 2003).

Parmi les peptides antimicrobiens, la mélittine du venin d'abeille est un peptide amphipatique connu pour ses propriétés hémolytiques (Degrado *et al.*, 1982), pour induire la fuite de fluorophore des vésicules lipidiques (Schwarz *et al.*, 1992) et pour sa structure secondaire en hélice α (Terwilliger et Eisenberg, 1982 ; Dempsey, 1990). Le mécanisme de la lyse cellulaire par la mélittine s'avérant très complexe et d'un grand enjeu pour l'industrie du médicament, la première étape a été de simplifier la séquence de ce peptide en gardant son activité lytique. C'est ainsi que des analogues, une série minimaliste de peptides idéalement amphipathiques secondaires L_iK_j (i=2j) telle que $(KLLLKLL)_n$, ont été synthétisés.

A l'interface air-eau, les structures de la mélittine et de $L_{15}K_7$ ont été analysées en présence et en absence de monocouche de DMPC (Cornut *et al.*, 1996). Pour les films de peptides purs, l'intensité, la forme et la position des bandes amides I et II des spectres de PM-IRRAS indiquent que le peptide $L_{15}K_7$ adopte une structure totalement en hélice α. Dans le cas de la mélittine, une structure en hélice α avec des domaines non ordonnés a été observée. Au niveau de l'orientation, les simulations de spectres ont permis de déterminer que l'axe de l'hélice α du peptide $L_{15}K_7$ est orienté principalement parallèle à l'interface air-eau alors qu'il

41

diffère pour la mélittine. L'orientation et la structure de ces peptides sont conservées en présence de monocouches de DMPC.

Castano *et al.* (1999a) ont montré que, à l'interface air/eau et eau/film phospholipidique, les peptides de cette série L_iK_j (i=2j) se structurent soit en hélice α idéalement amphipathique lorsque i+j>15 résidus soit en feuillets β antiparallèles idéalement amphipathiques si i+j<15 résidus. Une année plus tard, Castano *et al.*, 2000, ont caractérisé les feuillets β antiparallèles en utilisant des peptides modèles $(KL)_mK$. L'activité hémolytique des ces peptides augmentent avec la longueur du peptide. Ces peptides amphipathiques ont montré aussi une orientation parallèle à l'interface sans perturber fortement les phospholipides neutres.

Béven *et al.*, 2003, ont comparé l'activité antibactérienne d'un peptide amphipathique synthétique (KLLKLLLKLLLKLLK) et celle de la mélittine. Ce peptide synthétique, à 15 résidus avec une charge nette "+5", mime idéalement la structure secondaire α-hélice. Sa structure secondaire ne varie pas avec l'hydrophobicité de la membrane ni avec le taux de cholestérol dans la membrane. Ce peptide a montré aussi une activité antibactérienne semblable à celle de la mélittine.

Ensuite, l'activité antimicrobienne de ce peptide synthétique a été comparée avec un autre peptide synthétique $((KL)_7K)$ qui a la même taille et une structure secondaire feuillet β. Cette structure secondaire en feuillet β a rendu ce peptide moins hydrophobe et également a une activité antibactérienne beaucoup moins importante que le peptide qui a une structure secondaire en α-hélice. Ils ont également montré que l'activité antibactérienne est dépendante de la structure secondaire.

D'une part, la simulation de structure secondaire du $K_3A_{18}K_3$ donne une hélice (Chapitre 1). D'autre part, l'alaméthicine est un polyAib. L'Aib est un dérivé de l'alanine. Pour ces deux raisons, nous avons choisit de travailler sur le $K_3A_{18}K_3$ pour mimer l'insertion et l'action de l'alaméthicine. Récemment, Dave *et al.*, 2005 ont abordé l'influence de rapport peptide/lipide sur l'insertion et l'organisation de l'alaméthicine dans un modèle biomimétique supporté. Ces travaux ont été réalisés par RMN du ^{31}P en statique montrent que l'alaméthicine commence à désorganiser les lipides à partir d'un rapport molaire (P/L = 1/30). Ce rapport sera utilisé dans notre modèle supporté sur le PET avec des expériences MAOSS RMN, ce qui nous permet d'apporter plus d'éclaircissement sur ces résultats et les comparer avec ceux obtenus avec le $K_3A_{18}K_3$ dans le même rapport.

Dans cette thèse, nous avons choisi l'alaméthicine dont le mode d'action est bien documenté et analysé avec les mêmes techniques que celles que nous avons utilisées, et un peptide synthétique $K_3A_{18}K_3$ dont la prédiction de structure secondaire correspond à une hélice α. Nous nous sommes intéressés à la combinaison de deux techniques PM-IRRAS et BAM afin de déterminer l'orientation (PM-IRRAS) et d'observer l'organisation (BAM) des molécules à l'interface air-eau. Nous voulons caractériser ces deux peptides en absence et en présence des monocouches de lipides à l'interface. Cette caractérisation nous permet d'analyser l'influence de la nature de peptides sur son insertion, son organisation et également son orientation. Le $K_3A_{18}K_3$ marqué en ^{15}N permet de compléter l'étude d'orientation par des expériences de RMN des solides (MAOSS ^{15}N).

F- Références bibliographiques

Alberts B., Bray D., Lewis J., Raff M., Roberts K., Watson J.D. (1994) *Molecular biology of the cell* 3rd edn, 653-671.

Alves I.D., Park C.K., Hruby V.J. (2005) Plasmon resonance methods in GPCR signaling and other membrane events. *Current Protein & Peptide Science* **6**, 293-312.

Arrondo J.L.R., Goni F.M. (1999) Structure and dynamics of membrane proteins as studied by infrared spectroscopy. *Progress in Biophysics & Molecular Biology* **72**, 367-405.

Arrondo J.L.R., Muga A., Castresana J., Goni F.M. (1993) Quantitative studies of the structure of proteins in solution by Fourier-transform infrared spectroscopy. *Prog. Biophys. Mol. Biol.* **59**, 23-56.

Baumgart T., Kreiter M., Lauer H., Naumann R., Jung G., Jonczyk A., Offenhäuser A., Knoll W. (2003) Fusion of small unilamellar vesicles onto laterally mixed self-assembled monolayers of thiolipopeptides. *J. Colloid Interf. Sci.* **258**, 298-309.

Bayerl T.M., Bloom M. (1990) Physical properties of single phospholipid bilayers adsorbed to micro glass beads. A new vesicular model system studied by ^{2}H-nuclear magnetic resonance. *Biophys. J.* **58**, 357-361.

Bechinger B. (2001) Membrane insertion and orientation of polyalanine peptides: a ^{15}N solid-state NMR spectroscopy investigation. *Biophys. J.* **81**, 2251-2256.

Bechinger B., Skladnev D.A., Ogrel A., Li X., Rogozhkina E.V., Ovchinnikova T.V., O'Neil J.D.J., Raap J. (2001) ^{15}N and ^{31}P Solid-State NMR Investigations on the Orientation of Zervamicin II and Alamethicin in Phosphatidylcholine Membranes. *Biochemistry* **40**, 9428-9437.

Becker D., Kiess M., Bruckner H. (1997) Structures of peptaibol antibiotics hypomurocin A and B from the ascomycetous fungus Hypocrea muroiana Hino et Katsumoto. *Liebigs and Annalen-Recueil* 767-772.

Benedetti E., Bavoso A., Di Blasio B., Pavone V., Pedone C., Toniolo C., Bonora G.M. (1982) Peptaibol antibiotics : a study on the helical structure of the 2-9 sequence of emerimicins III and IV. *Proc. Natl. Acad. Sci.* **79**, 7951-7954.

Béven L., Castano S., Dufourcq J., Wieslander A., Wróblewski H. (2003) The antibiotic activity of cationic linear amphipathic peptides: lessons from the action of leucine/lysine copolymers on bacteria of the class Mollicutes. *Eur. J. Biochem.* **270**, 2207-2217.

Bian J.R., Roberts M.F. (1990) Phase separation in short-chain lecithin/gelstate longchain lecithin aggregates. *Biochemistry* **29**, 7928-7935.

Blaudez, D., Buffeteau T., Desbat B, Turlet, J.M. (1999) Infrared and Raman spectroscopies of monolayers at the air-water interface. Current Opinion in Colloid & interface science **4**, 265-272.

Boireau W. (1999) Thèse de Doctorat en Stratégies d'Exploitation des Fonctions Biologiques de l'UTC Compiègne. « Caractérisation électrochimique du cytochrome b_5 libre ou reconstitué dans des structures lipidiques supportées ».

Bonnin S., Besson F., Gelhausen M., Chierici S., Roux B. (1999) A FTIR spectroscopy evidence of the interactions between wheat germ agglutinin and N-acetylglucosamine residues. *FEBS Letters* **456**, 361-364.

Boucher J., Trudel E., Methot M., Desmeules P., Salesse C. (2007) Organization, structure and activity of proteins in monolayers. *Colloids and surfaces* **58**, 73-90.

Brockman H. (1999) Lipid monolayers: why use half a membrane to characterize protein-membrane interactions? *Curr Opin Struct Biol.* **9**, 438-443.

Brogden K.A. (2005) Antimicrobial peptides: Pore formers or metabolic inhibitors in bacteria? *Nature* **3**, 238-250.

Brown D.A., London E. (1997) Structure of Detergent-Resistant Membrane Domains: Does Phase Separation Occur in Biological Membranes? *Biochem. Biophys. Res. Comm.* **240**, 1-7.

Brückner H., Graf H., Bokel M. (1984) Paracelsin ; Characterization by NMR spectroscopy and circular dichroism, and hemolytic properties of a peptaibol antibiotic from the cellulolytically active mold *Trichoderma reesei*. Part B. *Experientia* **40**, 1189-1197.

Brückner H., Koza A. (2003) Solution phase synthesis of the 14-residue peptaibol antibiotic trichovirin I. *Amino Acids* **24**, 311-323.

Buchoux S., Lai-Kee-Him J., Garnier M., Tsan P., Besson F., Brisson A., Dufourc E.J. (2008) Surfactin-triggered small vesicle formation of negatively charged membranes: a novel membrane-lysis mechanism. *Biophys. J.* **95**, 3840-3849.

Buffeteau T., Desbat B., Turlet J.M. (1991) Polarization modulation FTIR spectroscopy of surface ultra-thin film: experimental procedure and quantitative analysis. *Appl. Spectrosc.* **45**, 380-389.

Buffeteau T., Le Calvez E., Castano S., Desbat B., Blaudez D., Dufourcq J. (2000) Anisotropic optical constants of alpha-helix and beta-sheet secondary structures in the infrared. *J. Phys. Chem.* **104**, 4537-4544.

Callaghan P.T., Jolley K.W., Lelievre J. (1979) Diffusion of water in the endosperm tissue of wheat grains as studied by pulsed field gradient nuclear magnetic resonance. *Biophys. J.* **28**, 133-142.

Casal H.L., Mantsch H.H. (1984) Polymorphic phase behaviour of phospholipid membranes studied by infrared spectroscopy. *Biochim. Biophys. Acta.* **779**, 381-401.

Caseli L., Masui D.C., Prazeres R., Furriel M., Leone F.A., Zaniquelli M.E.D. (2007) Influence of the glycosylphosphatidylinositol anchor in the morphology and roughness of Langmuir–Blodgett films of phospholipids containing alkaline phosphatases. *Thin Solid Films* **515**, 4801-4807.

Castano S., Cornut I., Büttner K., Dasseux J.L., Dufourcq J. (1999a) The amphipathic helix concept: length effects on ideally amphipathic $L_iK_j(i=2j)$ peptides to acquire optimal hemolytic activity. *Biochem. Biophys. Acta* **1416**, 161-175.

Castano S., Delord B., Février A., Lehn J.M., Lehn P., Desbat B. (2008) Brewster angle microscopy and PMIRRAS study of DNA interactions with BGTC, a cationic lipid used for gene transfer. *Langmuir* **24**, 9598-9606.

Castano S., Desbat B., Dufourcq J. (2000) Ideally amphipathic beta-sheeted peptides at interfaces: structure, orientation, affinities for lipids and hemolytic activity of (KL)(m)K peptides. *Biochim. Biophys. Acta.* **1463**, 65-80.

Castano S., Desbat B., Laguerre M., Dufourcq J. (1999b) Structure, orientation and affinity for interfaces and lipids of ideally amphipathic lytic $L_iK_j(i=2j)$ peptides. *Biochim. Biophys. Acta.* **1416**, 176-194.

Cho G.F., Fung B.M., Reddy V. B. 2001. Phospholipid Bicelles with positive Anisotropy of the magnetic Susceptibility. *J. Am. Chem. Soc.* **123**, 1537-1538.

Chugh J.K., Brückner H., Wallace B.A. (2002) Model of helical bundle channel based on the high resolution crystal structure of trichotoxin_A50E. *Biochemistry* **41**, 12934-12941.

Chugh J.K., Wallace B.A. (2001) Paptaibols: models for ion channels. *Biochem. Soc. Trans.* **49**, 565-570.

Cornut I., Desbat B., Turlet J.M., Dufourcq J. (1996) In situ study by polarization modulated Fourier transform infrared spectroscopy of the structure and orientation of lipids and amphipathic peptides at the air-water interface. *Biophys. J.* **70**, 305-312.

Csucs G., Ramsden J.J. (1998) Interaction of phospholipid vesicles with smooth metal-oxide surfaces. *Biochim. Biophys. Acta* **1369**, 61-70.

Cullis P.R. (1976) Hydrocarbon phase transitions, heterogeneous lipid distributions and lipid-protein interactions in erythrocyte membranes. *FEBS Lett.* **68**, 173-176.

Cullis P.R., De Kruijff B. (1976) ^{31}P NMR studies of unsonicated aqueous dispersions of neutral and acidic phospholipids. Effects of phase transitions, p2H and divalent cations on the motion in the phosphate region of the polar headgroup. *Biochim. Biophys. Acta* **436**, 523-540.

Cullis P.R., de Kruijff B. (1978) The polymorphic phase behaviour of phosphatidylethanolamines of natural and synthetic origin. A ^{31}P NMR study. *Biochim. Biophys. Acta.* **513**, 31-42

Cullis P.R., De Kruijff B. (1979) Lipid polymorphism and the functional roles of lipids in biological-membranes. *Biochim. Biophys. Acta* **559**, 399-420.

Danielli J.F., Davson H. (1935) A contribution to the theory of permeability of thin films. *J. Cell. Comp. Physiol.* **5**, 495-508.

Dathe M., Kaduk C., Tachikawa E., Melzig M.F., Wenschuh H., Bienert M. (1998) Proline at position 14 of alamethicin is essential for hemolytic activity, catecholamine secretion from chromaffin cells and enhanced metabolic activity in endothelial cells. *Biochim. Biophys. Acta* **1370**, 175-183.

Dave P.C., Billington E., Pan Y.L., Straus S.K. (2005) Interaction of alamethicin with ether-linked phospholipid bilayers: Oriented circular dichroism, ^{31}P solid-state NMR, and differential scanning calorimetry Studies. *Biophys. J.* **89**, 2434–2442.

De Kruijff B. (1987) Polymorphic regulation of membrane lipid composition. *Nature*, **329**, 587-588.

De Kruijff B. (1997) Lipid polymorphism and biomembrane function. *Current Opinion in Chemical Biology* **1**, 564-569.

DeGrado W.F., Musso G.F., Lieber M., Kaiser E.T., Kézdy F.J. 1982 Kinetics and mechanism of hemolysis induced by melittin and by a synthetic melittin analogue. *Biophys J.* **37**, 329-338.

Dekker C.J., Geurts van Kessel W.S.M., Klomp J.P.G., Pieters J., De Kruijff B. (1983) Synthesis and polymorphic phase behaviour of polyunsaturated phosphatidylcholines and phosphatidylethanolamines. *Chem. Phys. Lipids* **33**, 93-106.

Delattre J., Couvreur P., Puisieux F., Philippot J.R., Schuber F. (1993) Les liposomes: aspects technologiques, biologiques & pharmaceutiques. Editions INSERM.

Dempsey C.E. (1990) The actions of melittin on membranes. *Biochim. Biophys. Acta* **1031**, 143-161.

DeRosa R.L., Cardinale J.A., Cooper A. (2007) Functionalized glass substrate for microarray analysis. *Thin Solid Films* **515**, 4024–4031.

Desmeules P., Penney S.E., Desbat B., Salesse C. (2007) Determination of the Contribution of the Myristoyl Group and Hydrophobic Amino Acids of Recoverin on its Dynamics of Binding to Lipid Monolayers. *Biophys. J.* **93**, 2069–2082.

Devaux P.F. (1991) Static and dynamic lipid asymmetry in cell membranes. *Biochem.* **30**, 1163-1173.

Devaux P.F. (1992) Protein involvement in transmembrane lipid asymmetry. *Annu. Rev. Biophys. Biomol. Struct.* **21**, 417-439.

Dimarcq J.L., Bulet P., Hetru C., Hoffmann J. (1999) Cysteine-rich antimicrobial peptides in invertebrates. *Biopolymers* **47**, 465-477.

Ding J.Q., Doudevski I., Warriner H.E., Alig T., Zasadzinski J.A. (2003) Nanostructure changes in lung surfactant monolayers induced by interactions between palmitoyloleoylphosphatidylglycerol and surfactant protein B. *Langmuir* **19**, 1539-1550.

Dogenkolb T., Berg A., Gams W., Schlegel B., Grafe U. (2003) The occurrence of peptaibols and structurally related peptaibiotics in fungi and their mass spectrometric identification via diagnostic fragment ions. *J. Pept. Sci.* **9**, 666-678.

Dufourc E.J., Faucon J.F., Fourche G., Dufourcq J., Gulik-Krywicki T., Le Maire M. (1986) Reversible disc-to-vesicle transition of melittin-DPPC complexes triggered by the phospholipid acyl chain melting. *FEBS Lett.* **201**, 205-209.

Dufrêne Y.F., Lee G.U. (2000) Advances in the characterization of supported lipid films with the atomic force microscope. *Biochim. Biophys. Acta* **1509**, 14-41.

$\mathbf{E}$igenberg K.E., Chan S.I. (1980) The effect of surface curvature on the head-group structure and phase transition properties of phospholipid bilayer vesicles. *Biochim. Biophys. Acta* **599**, 330-335

El Kirat K., Besson F., Prigent A.F., Chauvet J.P., Roux B. (2002) Role of calcium and membrane organization on phospholipase D localization and activity. Competition between a soluble and insoluble substrate. *J. Biol. Chem.* **277**, 21231-21236.

El Kirat K., Chauvet J.P., Roux B., Besson F. (2004) Streptomyces chromofuscus phospholipase D interaction with lipidic activators at the air-water interface. *Biochim. Biophys. Acta.* **1661**, 144-153.

El Kirat K., Lins L., Brasseur R., Dufrene Y.F. (2005) Fusogenic tilted peptides induce nanoscale holes in supported phosphatidylcholine bilayers. *Langmuir* **21**, 3116-3121.

El Kirat K., Pardo-Jacques A., Morandat S. (2008) Interaction of non-ionic detergents with biomembranes at the nanoscale observed by atomic force microscopy. *International Journal of Nanotechnology* **5**, 769-783.

El Kirat K., Prigent A.F., Chauvet J.P., Roux B., Besson F. (2003) Transphosphatidylation activity of Streptomyces chromofuscus phospholipase D in biomimetic membranes. *Eur. J. Biochem.* **270**, 4523-4530.

$\mathbf{F}$eder T.J., Weissmuller G., Zeks B., Sackmann E. (1995) Spreading of giant vesicules on molerately adhesive substrates by fingering: a reflection interference contrast microscopy study. *Phys. Rev. E.* **51**, 3427-3433.

Fliniaux O. (2004) Thèse de Doctorat en Stratégies d'Exploitation des Fonctions Biologiques de l'UTC Compiègne. « Développement d'un modèle membranaire biomimétique supporté pour l'approche des mécanismes mitochondriaux impliqués dans le stress oxydant ».

Fonteriz R.I., Lopez M.G., Garcia-Sancho J., Garcia A.G. (1991) Alamethicin channel permeation by Ca^{2+}, Mn^{2+} and Ni^{2+} in bovine chromaffin cells. *FEBS* **283**, 89-92.

Frey B.L., Jordan C.E., Kornguth S., Corn R. (1995) Control of the specific adsorption of proteins onto gold surfaces with polylysine monolayers. *Anal. Chem.* **67**, 4452-4457.

Gabriel N.E., Agman N.V., Roberts M.F. (1987) Enzymatic hydrolysis of short-chain lecithin/long-chain phospholipid unilamellar vesicles: sensitivity of phospholipases to matrix phase state. *Biochemistry* **26**, 7409-4718.

Gabriel N.E., Roberts M.F. (1986) Interaction of short-chain lecithin with long-chain phospholipids: characterization of vesicles that form spontaneously. *Biochemistry* **25**, 2812-2821.

Gabriel, N.E., Roberts M.F. (1984) Spontaneous formation of stable unilamellar vesicles. *Biochemistry* **23**, 4011-4015.

Gaede H.C., Gawrisch K. (2003) Lateral diffusion rates of lipid, water, and a hydrophobic drug in a multilamellar liposome. *Biophys. J.* **85**, 1734-1740.

Gaede H.C., Luckett K.M., Polozov I.V., Gawrisch K. (2004) Multinuclear NMR studies of single lipid bilayers supported in cylindrical aluminum oxide nanopores. *Langmuir* **20**, 7711-7719.

Gaines G.L. (1966) Insoluble monolayers at liquid-gas interfaces. *Wiley InterScience: New York.*

Girard-Egrot A.P., Godoy S., Blum L.J. (2005) Enzyme association with lipidic Langmuir-Blodgett films: interests and applications in nanobioscience. *Adv. Colloid. Interface Sci.* **116**, 205-225.

Glaubitz C. (2000) An introduction to MAS NMR spectroscopy on oriented membrane proteins. *Concepts in Magnetic Resonance* **12**, 137-151.

Glaubitz C., Watts A. (1998) Magic angle-oriented sample spinning (MAOSS): A new approach toward biomembrane studies. *J. Magn. Res.* **130**, 305-316.

Glazier S.A., Vanderah D.J., Plant A.L., Bayley H., Valincius G., Kasianowicz J.J. (2000) Reconstitution of the pore-forming toxin alpha-hemolysin in phospholipid/18-octadecyl-1-thiahexa (ethylene oxide) and phospholipid/n-octadecanethiol supported bilayer membranes. *Langmuir* **16**, 10428-10435.

Goormaghtigh E., Cabiaux V., Ruysschaert J.M. (1994) Determination of soluble and membrane protein structure by Fourier-transform infrared spectroscopy. *Physical-chemical methods* **23**, 329-362.

Goormaghtigh E., Raussens V., Ruysschaert J.M. (1999) Attenuated total reflection infrared spectroscopy of proteins and lipids in biological membranes. *Biochim. Biophys. Acta* **1422**, 105-185.

Gorter E., Grendel F. (1925) On bimolecular layers of lipoids on the chromocytes of the blood. *J Exp Med.* **41,** 439-443.

Grigoriev P.A., Kronen M., Schlegel B., Hartl A., Grafe U. (2002) Differences in ion-channel formation by ampullosporins B, C, D and semisynthetic desacetyltryptophanyl ampullosporin A. *Bioelectrochemistry* **57**, 119-121.

Gruszecki W.I., Matula M., Mysliwa-Kurdziel B., Kernen P., Krupa Z., Strzalka K. (1997) Effect of xanthophyll pigments on fluorescence of chlorophyll *a* in LHC II embedded to liposomes. *J. Photochem. Photobiol.* **37**, 84–90.

Haefele T., Kita-Tokarczyk K., Meier W. (2006) Phase behavior of mixed Langmuir monolayers from amphiphilic block copolymers and an antimicrobial peptide. *Langmuir* **22**, 1164-1172.

Hamilton R.L., Guo L. (1984) French pressure cell liposomes: preparation, properties and potential. In Liposome technology. *CRC press Boca* 37-50

Hénon S., Meunier J. (1991) Microscope at the Brewster-angle - Direct observation of 1st-order phase-transitions in monolayers. *Review of science instruments* 62, 936-939.

Heyse S., Ernst O.P., Dienes Z., Hofmann K.P., Vogel H. (1998) Incorporation of rhodopsin in laterally structured supported membranes : observation of transducin activation with spatially and time-resolved surface plasmon resonance. *Biochemistry* **37**, 507-522.

Hönig, D., Möbius D. (1991) Direct visualization of monolayers at the air-water interface by Brewster angle microscopy. *J. Phys. Chem.* **95**, 4590-4592.

Howard K.P., Opella S.J. (1996) High-resolution solid-state NMR spectra of integral membrane proteins reconstituted into magnetically oriented phospholipid bilayers. *J. Magn. Res.* **112**, 91-94.

Iida A., Sanekata M., Wada S.I., Fujita T., Tanaka H., Enoki A., Fuse G., Kanaai M., Asami K. (1995) Fungal metabolites. Part 18. New membrane- modifying peptides, *Trichorozins* I-IV, from the *fungus Trichoderma harzianum*. *Chem. Pharm. Bull.* **43**, 392-397.

Jackson M., Mantsch H.H. (1995) The use and misuse of FTIR spectroscopy in the determination of protein structure. *Crit. Rev. Biochem. Mol. Biol.***30**, 95-120.

Jaross W., Eckey R., Menschikowski M. (2002) Biological effects of secretory phospholipase A(2) group IIA on lipoproteins and in atherogenesis. *Eur. J. Clin. Invest.* **32**, 383-93.

Jelinek R., Kolusheva S. (2005) Membrane interactions of host-defense peptides studied in model systems. *Curr. Protein Pept. Sci.* **6**, 103-114.

Jordanova A., Georgiev G.A., Alexandrov S., Todorov R., Lalchev Z. (2008) Influence of surfactant protein C on the interfacial behavior of phosphatidylethanolamine monolayers. *Eur. Biophys. J.* In Press.

Kaganer V.M., Mohwald H., Dutta P. (1999) Structure and phase transitions in Langmuir monolayers. *Rev. Modern Physics* **71**, 779-819.

Kaganer V.M., Möhwald H., Dutta P. (1999) Structure and phase transitions in Langmuir monolayers. *Rev. Mod. Phys.* **71**, 779-819.

Karakatsanis P., Bayerl T.M. (1996) Diffusion measurements in oriented phospholipid bilayers by H-1-NMR in a static fringe field gradient. *Physical Review E* **54**, 1785-1790.

Kitagawa S., Tachikawa E., Kashimoto T., Nagaoka Y., Iida A., Fujita T. (1998) Asymmetrical membrane fluidity of bovine adrenal chromaffin cells and granules and effect of trichosporin-B-Via. *Biochim. Biophys. Acta* **1375**, 93-100.

Knoll W., Frank C.W., Heibel C., Naumann R., Offenhäusser A., Rühe J., Schmidt E.K., Shen W.W., Sinner A. (2000) Functional tethered lipid bilayers. *J. Biotechnol.* **74**, 137-158.

Kouzayha A., Besson F. (2005) GPI-alkaline phosphatase insertion into phosphatidylcholine monolayers: phase behavior and morphology changes. *Biochem. Biophys. Res. Commun.* **333**, 1315-1321.

Koynova R., Caffrey M. (1998) Phases and phase transitions of the phosphatidylcholines Biochim. Biophys. Acta. **1376**, 91-145.

Krimm S., Bandekar J. (1986) Vibrational spectroscopy and conformation of peptides, polypeptides, and proteins. *Adv. Protein. Chem.* **38**, 181-364.

Krishnaswamy R., Rathee V., Sood A.K. (2008) Aggregation of a peptide antibiotic alamethicin at the air-water interface and its influence on the viscoelasticity of phospholipid monolayers. *Langmuir* **24**, 11770-11777.

Langmuir I. (1917) The constitution and fundamental properties of solids and liquids. II. Liquids. *J. Am. Chem. Soc.* **39**, 1848-1906.

Lawrie G.A., Schneider P.B., Battersby B.J., Barnes G.T., Cammenga H.K. (1996) Spreading properties of dimyristoyl phosphatidylcholine at the air/water interface. *Chem. Phys. Lipids* **79**, 1-8.

Lee A.G. (2004) How lipids affect the activities of integral membrane proteins. *Biochem. Biophys. Acta.* **1666**, 62-87.

Lee D.C., Chapman D. (1986) Infrared spectroscopic studies of biomembranes and model membranes. *Bioscience Rep.* **6**, 235-256.

Lee S.J., Yeo W.H., Yun B.S.,Yoo I.D. (1999) Isolation and sequence analysis of new peptaibol, Boletusin from Boletus spp. *J. Pept. Sci.* **5**, 374-378.

Leonenko Z.V., Carnini A., Cramb D.T. (2000) Supported planar bilayer formation by vesicle fusion: the interaction of phospholipid vesicles with surfaces and the effect of gramicidin on bilayer properties using atomic force microscopy. *Biochim. Biophys. Acta* **1509**, 131-147.

Lindblom G., Rilfors L. (1989) Cubic phases and isotropic structures formed by membranes lipids. *Biochim. Biophys. Acta* **988**, 221-256.

Losche M., Mohwald H. (1984) Fluorescence microscope to observe dynamical processes in monomolecular layers at the air water interface. *Review of science instruments* **55**, 1968-1972.

Loudet C., Khemtemourian L., Aussenac F., Gineste S., Achard M.F., Dufourc E.J. (2005) Bicelle membranes and their use for hydrophobic peptide studies by circular dichroism and solid state NMR. *Biochim. Biophys. Acta* **1724**, 315-323.

Luzzati V., Gülik-Krywicki T., Tardieu A. (1968) Polymorphism of lecithins. *Nature* **218**, 1031-1034.

Maget-Dana R. (1999) The monolayer technique: a potent tool for studying the interfacial properties of antimicrobial and membrane-lytic peptides and their interactions with lipid membranes. *Biochim. Biophys. Acta.* **1462**, 109-140.

Marchal D., Boireau W., Laval J.M., Moiroux J., Bourdillon C. (1997) An electrochemical approach of the redox behavior of water insoluble ubiquinones and plastoquinones incorporated in supported phospholipid layers. *Biophys. J.* **72**, 2679-2687.

Marchal D., Pantigny J., Laval J.M., Moiroux J., Bourdillon C. (2001) Rate constants in two dimensions of electron transfer between pyruvate oxidase, a membrane enzyme, and ubiquinone (coenzyme Q8), its water insoluble carrier. *Biochemistry* **40**, 1248-1256.

Marcotte I., Dufourc E.J., Ouellet M., Auger M. (2003) Interaction of the Neuropeptide Met-Enkephalin with Zwitterionic and Negatively Charged Bicelles as Viewed by ^{31}P and ^{2}H Solid-State NMR. *Biophys. J*. 85:328-339.

Markus M.A., Gerstner R.B., Draper D.E., Torchia D.A. (1999) Refining the overall structure and subdomain orientation of ribosomal protein S4 Delta 41 with dipolar couplings measured by NMR in uniaxial liquid crystalline phases. *J. Biomol. NMR* **292**, 375-387.

Marsh D. (1996) Lateral pressure in membranes. *Biochim. Biophys. Acta* **1286**, 183-223.

Mason A.J., Grage S.L., Straus S.K., Glaubitz C., Watts A. (2004) Identifying anisotropic constraints in multiply labeled bacteriorhodopsin by N-15 MAOSS NMR: A general approach to structural studies of membrane proteins. *Biophys. J.* **86**, 1610-1617.

McConnell H. M., Vrljic M. (2003) Liquid-liquid immiscibility in membranes. *Annual Review of Biophysics and Biomolecular Structure* **32**, 469-492.

McConnell H.M., Watts T.H., Weis R.M., Brian A.A. (1986) Supported planar membranes in studies of cell-cell recognition in the immune system. *Biochim. Biophys. Acta* **864**, 95-106.

Miyazawa T., Shimanouchi T., Mizushima S. (1956) Characterization infrared bands of monosubstituted amides. *J. Chem. Phys.* **24**, 408-418.

O'reilly A., Wallace B.A. (2003) The peptaibol antiamoebin as a model ion channel: similarities to bacterial potassium channels. *J. Pept. Sci.* **9**, 769-775.

Olson F., Hunt C.A., Szoka F.C., Vail W.J. (1979) Papahadjopoulos D, Preparation of liposomes of defined size distribution by extrusion through polycarbonate membranes. *Biochim. Biophys. Acta.* **557**, 9-23.

Op den Kamp J.A.F. (1979) Lipid asymmetry in membranes. *annurev.biochem.* **48**, 47-71.

Ottiger M., Bax A. (1998) Characterization of magnetically oriented phospholipid micelles for measurement of dipolar couplings in macromolecules. *J. Biomol. NMR* **12**, 361-372.

Ottiger M., Bax A. (1999) Bicelle-based liquid crystals for NMR-measurement of dipolar couplings at acidic and basic pH values. *J. Biomol. NMR* **13**, 187-191.

Overberck G.A., Möbius D. (1993) A new phase in the generalized phase diagram of monolayer films of long-chain fatty acids. *J. Phys. Chem.* **97**, 7999-8004.

Pampel A., Karger J., Michel D. (2003) Lateral diffusion of a transmembrane peptide in lipid bilayers studied by pulsed field gradient NMR in combination with magic angle sample spinning. *Chemical Physics Letters* **379**, 555-561.

Pampel A., Michel D., Reszka R. (2002) Pulsed field gradient MAS-NMR studies of the mobility of carboplatin in cubic liquid-crystalline phases. *Chem. Phys. Let.* **357**, 131-136.

Paquot M. (2003) Nanostructures et fonctionnalités des tensioactifs naturels. *Faculté Universitaire des Sciences Agronomiques de Gembloux. http://www.fsagx.ac.be/fac/fr/accueil/presse/20030930-lecon.paquot.pdf.*

Parikh A.N., Beers J.D., Shreve A.P., Swanson B.I. (1999) Infrared spectroscopic characterization of lipid-alkylsiloxane hybrid bilayer membranes at oxides substrates. *Langmuir* **15**, 5369-5381.

Petrov J. G., Radoev B. P. (1981) Steady motion of the three phase contact line in model langmuir-blodgett systems. *Coll. Polym. Scie.* **259**, 753-760.

Pistorius A.M.A. (1995) Biochemical applications of FT-IR spectroscopy. *Spectroscopy Europe* **7**, 8-15.

Plant A.L. (1993) Self-assembled phospholipid/alkanethiol biomimetic bilayers on gold. *Langmuir* **9**, 2764-2767.

Plant A.L. (1999) Supported hybrid bilayer membranes as rugged cell membrane mimics. *Langmuir* **15**, 5128-5135.

Plant A.L., Gueguetchkeri M., Yap W. (1994) Supported phospholipid /alkanethiol biomimetic membranes : insulating properties. *Biophys. J.* **67**, 1126-1133.

Pott T., Dufourc E.J. (1995) Action of Melittin on the DPPC-Cholesterol Liquid-Ordered Phase: A Solid State 2H- and 31P-NMR Study. *Biophys. J.* **68**, 965-977.

Proux-Delrouyre V., Elie C., Laval J.M., Moiroux J., Bourdillon C. (2002) Formation of tethered and streptavidin-supported lipid bilayers on a microporous electrode for the reconstitution of membranes of large surface area. *Langmuir* **18**, 3263-3272.

Proux-Delrouyre V., Laval J.M., Bourdillon C. (2001) Formation of streptavidin-supported lipid bilayers on porous anodic alumina: electrochemical monitoring of triggered vesicle fusion. *J. Am. Chem. Soc.* **123**, 9176-9177.

Rädler J., Strey H., Sackmann E. (1995) Phenomenology and kinetics of lipid bilayer spreading on hydrophilic surfaces. *Langmuir* **11**, 4539-4548.

Razani B., Lisanti M. (2002) The Role of Caveolae and the Caveolins in Mammalian Physiology. *Reviews in Undergraduate Research* **1**, 44-50.

Rebuffat S., Goulard C., Bodo B. (1995) Antibiotic peptides from *Trichoderma harzianum: harzianins* HC, proline-rich 14- residue peptaibols. *J. Chem. Soc. Perk. T.* **1**, 1849-1855.

Reiber K., Neuhof T., Ozegowski J.H., Döhren H.V., Schweck T. (2003) A nonribosomal paptide synthetase involved in the biosynthesis of ampullosporins in Sepedonium ampullosporum. *J. Pept. Sci.* **9**, 701-713.

Reiber K., Neuhof T., Ozegowski J.H., Döhren H.V., Schweck T. (2003) A nonribosomal paptide synthetase involved in the biosynthesis of ampullosporins in Sepedonium ampullosporum. *J. Pept. Sci.* **9**, 701-713.

Rietveld A., Simons K. (1998) The differential miscibility of lipids as the basis for the formation of functional membrane rafts. *Biochem. Biophys. Acta* **1376,** 467-479.

Rodriguez-Patino J.M., Sanchez C.C., Rodriguez-Nino R. (1999) Analysis of β-Casein−Monopalmitin Mixed Films at the Air−Water Interface. *J. Agric. Food Chem.* **47**, 4998-5008.

Ronzon F., Rieu J.P., Chauvet J.P., Roux B. (2006) A thermodynamic study of GPI-anchored and soluble form of alkaline phosphatase films at the air-water interface, *J. Coll. Interf. Sc.* **301**, 493-502.

Rossi C., Chopineau J. (2007) Biomimetic tethered lipid membranes designed for membrane-protein interaction studies. *Eur. Biophys. J.* **36**, 955–965.

Rossi C., Homand J., Bauche C., Hamdi H., Ladant D., Chopineau J. (2003) Differential mechanisms for calcium-dependent protein/membrane association as evidenced from SPR-binding studies on supported biomimetic membranes. *Biochemistry* **42**, 15273-15283.

Sackmann E. (1996) Supported membranes: scientific and practical applications. *Science* **271**, 43-48.

Sanders C.R., Prosser R.S. (1998) Bicelles : a model membrane system for all seasons ? *Structure* **6**, 1227-1234.

Sansom M.S.P. (1993) Alamethicin and related peptaibols- model ion channels. *Eur. Biophys. J.* **22**, 105-124.

Saunders L., Perrin J., Gammack D.B. (1962) Aqueous dispersion of phospholipids by ultrasonic radiations. *J. Phrama. Pharmacol.* **14**, 567-572.

Schechter E. (1997) Biochimie et biophysique des membranes. **2nd édn**. *Masson.*

Schenkarev Z.O., Paramonov A.S., Balashova T.A, Yakimenko Z.A., Baru M.B., Mustaeva L.G., Raap J., Ovchinnikova T.V., Arseniev A.S. (2004) High stability of the hinge region in the membrane-active peptide helix of zervamicin: paramegnetic relaxation enhancement studies. *Biochem. Biophys. Res. Comm.* **325**, 1099-1105.

Schwar G., Zong R.T., Popescu T. Kinetics of melittin induced pore formation in the membrane of lipid vesicles. *Biochim. Biophys. Acta* **1110**, 97-104.

Seelig J. (1978) 31P nuclear magnetic resonance and the head group structure of phospholipids in membrane. *Biochem. Biophys. Acta.* **515**, 105-140.

Seitz M., Wong J.Y., Park C.K., lcantar N.A., Israelachvili J.N. (1998) Formation of tethered supported bilayers *via* membrane-inserting reactive lipids. *Thin solid films* **327-329**, 767-771.

Shai Y. (1999) Mechanism of the binding, insertion and destabilization of phospholipid bilayer membranes by a-helical antimicrobial and cell non-selective membrane lytic peptides. *Biochim. Biophys. Acta* **1462**, 55-70.

Shai Y. (2002) Mode of action of membrane active antimicrobial peptides. *Biopolymers* **66**, 236-248.

Simons K., Ikonen E. (1997) Functional rafts in cell membranes. *Nature* **387**, 569-572.

Singer S.J., Nicholson G.L. (1972) The fluid mosaic model of the structure of cell membranes *Science* **175,** 720-731.

Sinner E.K., Knoll W. (2001) Functional tethered membranes. *Curr. Opin. Chem. Biol.* **5**, 705-711.

Sizun C., Bechinger B. (2002) Bilayer sample for fast or slow magic angle oriented sample spinning solid-state NMR spectroscopy. *J. Am. Chem. Soc.* **124**, 1146-1147.

Sundberg S.A., Banett R.W., Pirrung M., Ju L.A., Kiangsoontra B., Holmes C.P. (1995) Spatially-addressable immobilization of macromolecules on solid supports. *J. Am. Cham. Soc.* **117**, 12050-12057.

Susi H. (1969) Infrared spectra of biological macromolecules and related systems. *Structure and stability of biological macromolecules*, 575-663.

Susi H., Byler D.M. (1987) Fourier transform infrared study of proteins with parallel beta-chains. *Arch. Biochem. Biophys.* **258**, 465-469.

Tachikawa E., Takahashi S., Furumachi K., Kashimoto T., Iida A., Nagaoka Y., Fujita T., Takaishi Y. (1991) Trichosporin-B-III, an alpha-aminoisobutyric acid-containing peptide, causes Ca2+ - dependent catecholamine secretion from adrenal medullary chromaffin cells. *Mol. Pharmacol.***40**, 790-797.

Tadini-Buoninsegni F., Bartolommei G., Moncelli M.R., Fendler K. (2008) Charge transfer in P-type ATPases investigated on planar membranes. *Arch. Biochem. Biophys.* **476**, 75-86.

Tamm L.K., McConnell H.M. (1985) Supported phospholipid bilayers. *Biophys. J.* **47**, 105-113.

Tamm L.K., Tatulian S.A. (1997) Infrared spectroscopy of proteins and peptides in lipid bilayers. *Q. Rev Biophys.* **30**, 365-429.

Tan C., Fung B.M., Cho G. (2002) Phospholipid bicelles that align with their normals parallel to the magnetic field. *J. Am. Chem. Soc.* **124**, 11827-11832.

Terwilliger T.C., Eisenberg D. (1982) The structure of melittin .2. Interpretation of the structure. *Journal of Biological Chemistry* **257**, 6016-6022.

Tiberg F., Harwigsson I., Malmsten M. (2000) Formation of model lipid bilayers at the silica-water interface by co-adsorption with non-ionic dodecyl maltoside surfactant. *Eur. Biophys. J.* **29**, 196-203.

Tieleman D.P., Berendsen H.J.C., Sansom M.S.P. (2001) Voltage-dependent insertion of alamethicin at phospholipid/water and octane/water interfaces. *Biophys. J.* **80**, 331-346.

Tien H.T., Salomon Z. (1990) Self-assembling bilayer lipid membrane on solid support. *Biotech. Appl. Bioc.* **12**, 478-484.

Torchut E., Laval J.M., Bourdillon C., Majda M. (1994) Electrochemical measurements of the lateral diffusion of electroactive amphiphiles in supported phospholipid monolayers. *Biophys. J.* **66**, 753-762.

Tossi A., Sandri L., Giangaspero A. (2000) Alpha-helical antimicrobial peptides. *Biopolymers* **55**, 1-30.

Triba M.N., Devaux P.F., Warschawski D.E. (2006) Effects of lipid chain lenght and unsaturation on bicelles stability. A phosphorus NMR study. *Biophys. J.* **91**, 1357-1367.

Tripp C.P., Hair M.L. (1991) Reaction of chlorofomethylsilanes with silica – a low-frequency infrared study. *Langmuir* **7**, 923-927.

Tripp C.P., Hair M.L. (1993) Chemical attachment of chlorosilanes to silica a- 2- step amine-promoted reaction. *J. Phys. Chem.* **97**, 5693-5698.

Vass E., Hollósi M., Besson F., Buchet R. (2003) Vibrational spectroscopic detection of beta- and gamma-turns in synthetic and natural peptides and proteins. *Chem. Rev.* **103**, 1917-1954.

Volinsky R., Kolusheva S., Berman A., Jelinek R. (2004) Microscopic visualization of alamethicin incorporation into model membrane monolayers. *Langmuir.* **20**, 11084-11091.

Volinsky R., Kolusheva S., Berman A., Jelinek R. (2006) Investigations of antimicrobial peptides in planar film systems. *Biochim. Biophys. Acta* **1758**, 1393-1407.

Vollhardt D., Fainerman V.B. (2000) Penetration of dissolved amphiphiles into two-dimensional aggregating lipid monolayers. *Advances in colloid and interface science* **86**, 103-151.

Wada S.I., Tanaka R. (2004) A novel 11-residual peptaibol-derived carrier for in vitro oligodeoxynucleotide delivery into cell. *Bioorg. Med. Chem. Lett.* **14**, 2563-2566.

Wattraint O. (2004) Thèse de Doctorat en Génie Enzymatique de l'UPJV Amiens. « Contribution à l'étude des modèles membranaires supportés : apport de la spectroscopie de résonance magnétique nucléaire des solides ».

Wattraint O., Sarazin C. (2005) Diffusion measurements of water, ubiquinone and lipid bilayer inside a cylindrical nanoporous support: a stimulated echo pulsed-field gradient MAS-NMR investigation. *Biochim. Biophys. Acta* **1713**, 65-72.

Wattraint O., Sarazin C. (2006) Static and MAS solid-state study of supported phospholipid bilayer cylindrically oriented. *C. R. Chimie* **9**, 408–412.

Wattraint O., Warschawski D.E., Sarazin C. (2005) Tethered or adsorbed supported lipid bilayers in nanotubes characterized by deuterium magic angle spinning NMR spectroscopy. *Langmuir* **21**, 3226-3228.

Watts A., Straus S.K., Grage S.L., Kamihira M., Lam Y.H., Zhao X. (2004) Membrane protein structure determination using solid-state NMR. *Methods Mol. Biol.* **278**, 403-473.

White L.D., Tripp C.P. (2000) An Infrared Study of the Amine-Catalyzed Reaction of Methoxymethylsilanes with Silica. *Journal of Colloid and Interface Science* **227**, 237–243.

CHAPITRE 1

Conformational and interfacial analyses of $K_3A_{18}K_3$ and alamethicin in model membranes

Dans ce chapitre, nous avons dans un premier temps étudié la structure secondaire d'un peptide synthétique dans deux environnements différents (milieu aqueux et organique). Ces environnements sont susceptibles d'avoir un impact sur la structure spatiale de certains peptides, et donc un impact sur l'interaction avec une membrane.

Dans un second temps, nous nous sommes intéressés à son comportement dans des modèles membranaires. Le peptide de synthèse que nous avons choisi, a une séquence riche en alanine ($K_3A_{18}K_3$). Cet enrichissement en alanine est la principale raison de la prédiction de sa structure secondaire en hélice α. Ainsi, cette structuration commune à de nombreux peptides interagissant avec les membranes biologiques peut être utilisée comme modèle pour mimer les peptides transmembranaires. Afin d'établir des comparaisons et de discuter la validité de nos résultats, nous avons choisi d'étudier de la même façon un peptide naturel de référence, de structure bien définie. Notre choix s'est porté sur l'alaméthicine (produite par *Trichoderma viride*), qui se comporte naturellement en hélice α stable. En effet, le mode d'action de ce peptide, de la famille des peptaibols à activité antibactérienne, est bien documenté.

Nous avons utilisé l'infra rouge pour mettre en évidence la structure secondaire de notre peptide synthétique $K_3A_{18}K_3$. Cette structure secondaire a été analysée pour le peptide en solution ou inséré dans des systèmes biomimétiques non-supportés.

Les phospholipides choisis sont le DMPC, qui a une phase de transition vers 23°C, et le DPPC, dont les monocouches interfaciales présentent des zones condensées caractéristiques. En effet, la modification de la température de transition d'un phospholipide est un bon indicateur d'interaction de ce dernier avec une autre molécule (peptide ou protéine). De plus, l'observation de modifications au niveau de zones condensées du DPPC permet de suivre les comportements de peptides en présence des lipides.

Deux systèmes membranaires biomimétiques ont été utilisés : les monocouches de Langmuir à l'interface air-eau et les MLV (pour *Multilamellaires Vesicles*). D'une part, l'analyse des résultats de FTIR et RMN obtenus sur des MLV contenant $K_3A_{18}K_3$ ou l'alaméthicine montre des comportements différents pour les deux peptides. D'autre part, les monocouches interfaciales ont été analysées grâce aux isothermes de variation de la pression de surface en fonction de l'aire moléculaire, au PM-IRRAS (pour *Polarization modulationinfrared reflection-adsorption spectroscopy*) et au BAM (microscopie à l'angle de Brewster). Les résultats obtenus avec l'alaméthicine, seule ou en présence de lipides (DPPC ou DMPC), confirment un comportement en hélice α stable pour ce peptide. Les résultats obtenus à l'interface air-eau avec K₃A₁₈K₃, seul ou en présence de DPPC ou de DMPC, ont montré la possibilité d'une conformation en feuillet plissé β pour ce peptide.

Conformational and interfacial analyses of $K_3A_{18}K_3$ and alamethicin in model membranes

Keywords. Monolayer, Brewster angle microscopy, secondary structure, infrared spectroscopy, solid state NMR, peptide.

Abbreviations. BAM, Brewster angle microscopy; DMPC, dimyristoylphosphatidylcholine; DPPC, dipalmitoylphosphatidylcholine; FTIR, Fourier transformed infrared; HR-MAS, high resolution-magic angle spinning; MLV, multilamellar vesicles; NMR, nuclear magnetic resonance; PM-IRRAS, polarization modulation infrared reflection absorption spectroscopy; TFE, trifluoroethanol; Tris buffer, 20 mM Tris buffer at pH 8.5.

Running title. $K_3A_{18}K_3$ structure and membrane topology.

Abstract

The involvement of membrane-bound peptide and the influence of protein conformations in several neurodegenerative diseases leads us to analyze the interactions of model peptides with artificial membranes. Two model peptides were selected. The first one, an alanine-rich peptide, $K_3A_{18}K_3$, was shown to be in α-helix structures in TFE, a membrane environment-mimicking solvent, while it was mostly β-sheeted in aqueous buffer as revealed by infrared spectroscopy. The other, alamethicin, a natural peptide, was in a stable α-helix structure. To determine the role of the peptide conformation in the nature of its interactions with lipids, we compared the structure and topology of the conformational-labile peptide $K_3A_{18}K_3$ and of the α-helix rigid alamethicin in both aqueous and phospholipid environments (Langmuir monolayers and multilamellar vesicles). $K_3A_{18}K_3$ at the air-water interface showed a pressure-dependent orientation of its β-sheets, while α-helix axis of alamethicin was always parallel to the interface, as probed by polarization modulation infrared reflection absorption spectroscopy. The β-sheeted $K_3A_{18}K_3$ peptide was uniformly distributed into DPPC condensed domains, while the helical-alamethicin insertion distorted the DPPC condensed domains, as evidenced by Brewster angle microscopy imaging of the air/interface. The β-sheeted $K_3A_{18}K_3$ interacted with DMPC multilamellar vesicles *via* hydrophilic interactions with polar heads and the helical-alamethicin *via* hydrophobic interactions with alkyl chains, as shown by infrared spectroscopy and solid state NMR. Our findings are consistent with the prevailing assumption that the conformation of the peptide predetermines the mode of interaction with lipids. More precisely, helical peptides tend to be inserted *via* hydrophobic interactions within the hydrophobic region of membranes, while β-sheeted peptides are predisposed to interact with polar groups and stay at the surface of lipid layers.

Introduction

Several peptides and proteins such as α synuclein (1), β-amyloid peptides (2-3) and huntingtin (4), which can form aggregates and bind to membranes have been shown to be involved in the pathogenesis of neurodegenerative diseases (Parkinson, Alzheimer, Huntington, respectively). Many shorter polypeptides exhibit crucial biological properties (hormones, antibiotics, cellular signalling-involved peptides...) which can have pharmacological applications. In this respect, half of the pharmacologically interesting protein receptors are membrane bounded (5). The involvement of such important peptides and proteins make it necessary to investigate the structure–function relationships of smaller peptides. It is well known that the organization of membrane-interacting peptides depends on their secondary structure and on the presence of hydrophobic and hydrophilic regions. In this respect, α-helical segments play an important building role in membrane proteins, and individual α-helices can interact with phospholipid bilayers (5-7).

To delineate the influence of peptide conformations on the nature of their interactions with lipids and reciprocally the effect of lipids on the peptide conformations, we selected two model peptides. The first one, alamethicin, an antibiotic peptide produced by *Trichoderma viride* (8), is a natural rigid α-helical peptide. The helical structure is due to the presence of hydrophobic amino acids such as 2-aminoisobutyric acid (Aib), which can be considered as a α-methylalanine (9-11). The second one was $K_3A_{18}K_3$, which was found to be a conformation-labile peptide. The alanine-enriched sequence is thought to induce the formation of α-helices, according to the SOPMA prediction method (12). Indeed, in TFE, a membrane environment-mimicking solvent, the conformation of $K_3A_{18}K_3$ is essentially α-helix. However, as established in this work, the alanine-rich peptide conformation is mostly β-sheet structures in aqueous buffer, providing a very good model of a conformation-labile peptide that can shift from α-helix to β-sheet structures, as in the case of β-amyloid peptide and prion protein.

Langmuir monolayers at the air-water interface, which is an experimental approach controlling the lipid order through the surface pressure variation, permitted us to determine the topology of the inserted peptide. The interfacial properties of $K_3A_{18}K_3$ and alamethicin, alone or in the presence of lipids, were analyzed by determining Langmuir isotherms, which provided information on the amphiphilic and self-assembly properties of the peptides alone or in the presence of phospholipids. The orientation of the main secondary structure segments of the peptides at the air-water interface were analyzed by polarization modulation infrared reflection absorption spectroscopy (PM-IRRAS) which is sensitive to protein conformation and to the mean orientation of transition dipole moment of vibrational modes.

The topology and structure of the molecular complexes were analyzed by Brewster angle microscopy (BAM), an interfacial technique detecting the presence of condensed domains in monolayers. Two phosphatidylcholines, DMPC and DPPC, having distinct phase transition temperature, allowed us to determine the influence of the peptides on the phospholipid fluidity and to analyze the conformations and topology of the peptide-lipid complexes. The influences of $K_3A_{18}K_3$ and alamethicin in DMPC-bilayers environment were probed by proton HR-MAS NMR spectroscopy. The interactions between the peptide and phospholipid ester carbonyl groups in phosphatidylcholine multilamellar vesicles (MLV) were analyzed by FTIR measurements. Taken together, our BAM, IR, and NMR-based findings show that the secondary structure of peptides can influence the mode of interaction with each type of lipids.

Materials and methods

Materials

Alamethicin, 1,2-dimyristoyl-sn-glycero-3-phosphatidylcholine (DMPC), 1,2-dipalmitoyl-sn-glycero-3-phosphatidylcholine (DPPC) and trifluoroethanol (TFE) were purchased from Sigma Chemical Co. (St. Louis, MO) and used without further purification. Deuterium oxide (^2H_2O), at 99.9% isotopic purity, was obtained from Merck (Darmstadt, Germany). Tris (2-amino-2-(hydroxymethyl)-1,3-propanediol) was purchased from Boeringer Mannheim GmbH (Mannheim, Germany). $K_3A_{18}K_3$ was prepared by solid-phase peptide synthesis on a Millipore 9050 automated peptide synthesizer using Fmoc (*N*-9-fluorenylmethyloxycarbonyl) chemistry (13). The identity and purity of the peptide were analyzed by matrix-assisted laser desorption/ionization mass spectrometry (MALDI-MS). All organic solvents were of analytical grade. The ultra pure water, purified with a Millipore filtering system (Bedford, MA), has a resistivity of 18.2 MΩ·cm.

Preparation of multilamellar vesicle (MLV) samples

Lipids and peptides (30/1, molar ratio) were co-dissolved in TFE to mix properly all components. The solvent was first evaporated under nitrogen and the resulting film was dried under vacuum for at least 3 hours. The film was dispersed either in H_2O or in ^2H_2O 20 mM Tris buffer pH 8.5 above the phase transition temperature of lipid membrane (*i.e.* at above 23 °C for DMPC membranes) at a final concentration of 200 mg/mL.

Interfacial film formations and surface pressure measurements

All experiments were performed at 21°C. The film balance was built by R&K (Riegler & Kirstein GmbH, Wiesbaden, Germany) and equipped with a Wilhemy-type surface-pressure measuring system. The subphase was either pure water, a 20 mM Tris buffer at pH 8.5 or 7.4.

Peptide adsorptions measured at constant surface area

Adsorption experiments were performed on a small Teflon dish (diameter, 3 cm) with a subphase volume of 7 mL. The peptide, dissolved at 0.545 mM in TFE, was injected in the subphase to obtain the desired concentration and its adsorption at the air-water interface, measured by tensiometry, was followed as an increase in surface pressure.

Lipid and mixed peptide/lipid monolayer compression

Phospholipids in hexane-ethanol (9/1, v/v) at 0.545 mM were spread at the air–water interface (Langmuir trough dimensions: 165 cm^2 and 120 mL subphase). After 30 min solvent evaporation, the monolayer was compressed to a lateral pressure of about 30 mN/m (corresponding approximately to the pressure within bilayer membrane) to obtain a control π/A isotherm of the lipid alone. The compression rate was 5 Å^2/molecule/min. The phospholipid monolayers containing the peptide were obtained by spreading a mixture of peptide and phospholipid at different molar ratios in hexane-ethanol (8/2, v/v) on the surface. The lipid/peptide molar ratios were 100/1 for alamethicin and 5/1 for $K_3A_{18}K_3$. The solvent was allowed to evaporate for 30 min, and monolayers were compressed as described above.

BAM measurements

Interfacial film morphology was observed with a Brewster angle microscope (NFT iElli-2000, Göttingen, Germany) mounted on an R&K Langmuir trough as described in (14). Surface pressure and gray level were measured simultaneously during the interface compression at 3 Å^2/molecule/min. BAM images were acquired at different shutter speeds with a spatial resolution of ~2 μm and a size of 430 x 320 μm.

Circular dichroism measurements

Far-UV (range 190–260 nm) CD spectra of proteins were collected at 25°C using a Chirascan CD spectrophotometer (Applied Photophysics Ltd, Leatherhead, UK) with a 2-mm optical pathlength quartz cell. Peptide concentration was fixed at 0.3 mg/ml. CD spectra were at least the average of three spectra.

PM-IRRAS measurements

PM-IRRAS measurements were performed using a Nicolet 850 spectrometer equipped with a HgCdTe detector cooled with liquid nitrogen (Thermo Electron, Nicolet Instrument, Madison, WI). An infrared beam was reflected by a mirror towards an optical bench where a

Langmuir balance was placed, outside the spectrometer. The infrared beam was polarized by a ZnSe polariser and directed towards a photoelastic modulator which modulated the beam between a parallel (p) and a perpendicular (s) polarization. The infrared beam was focused at the air-water interface onto a Teflon trough equipped with the Nima surface pressure detector, and reflected on the photovoltaic HgCdTe detector cooled at -196°C. The optimal angle of incidence at the air-water interface was 75° to the interface normal. The detected signal was then processed to obtain the differential reflectivity spectrum:

$$\Delta R/R = J_2(R_p - R_s)/(R_p + R_s)$$

where J_2 is the Bessel function depending only on the photoelastic modulator, while R_s and R_p are the parallel and perpendicular reflectivity. To remove the Bessel function contribution as well as that of the water absorption, the monolayer spectrum was divided by that of the pure subphase. At least 1024 scans were collected for each spectrum at a resolution of 8 cm^{-1}. Spectra are at least the average of three IR spectra measured in an independent manner.

Infrared spectroscopy

Infrared spectra were recorded by the means of a Nicolet 510 M FTIR spectrometer continuously purged with filtered dry air. A 20 µL sample was placed into a demountable temperature-controlled flow-through cell (Harrick) equipped with CaF$_2$ windows. Typically, 128 scans at 4 cm^{-1} resolution were taken. Spectrum of the solvent (^{2}H$_2$O Tris buffer pH 8.5 or TFE) was subtracted from the sample spectrum taken under the same conditions. Peptide concentration was fixed at 20 mg/mL. Each spectrum is representative of at least three independent measurements.

NMR experiments

The ^{1}H MAS-NMR experiments were performed on a Bruker 500 Avance spectrometer using a 4 mm HR-MAS probe at a rotor-spinning frequency of 5 kHz. The spectra were acquired as a function of temperature at a resonance frequency of 500.13 MHz with a 4.2 µs 90° pulse with a recycle delay of 5s. The spectral width was 5 kHz, and the number of acquisitions was 256. Integration of methylene resonance was made on normalized spectra.

RESULTS

Spectroscopic analyses of the secondary structure of the K$_3$A$_{18}$K$_3$ peptide

Infrared spectroscopy is more sensitive than CD spectroscopy to detect β-sheet structures, while CD spectroscopy is more sensitive in detecting α-helix structures (15-17). Both techniques allowed us to provide detailed information on the secondary structure content of the peptides. The IR spectrum of K$_3$A$_{18}$K$_3$ in TFE (Fig. 1, dashed line) indicated the presence of a 1659-cm^{-1} peak in the 1700-1600-cm^{-1} amide-I region and of a 1550-cm^{-1} band in the 1600-1500-cm^{-1} amide-II region. The 1659-cm^{-1} band signaled the presence of α-helix structures (15-17) and the peak at ~1672-cm^{-1} (indicated by a star) corresponded to acetate contaminants resulting from peptide synthesis.

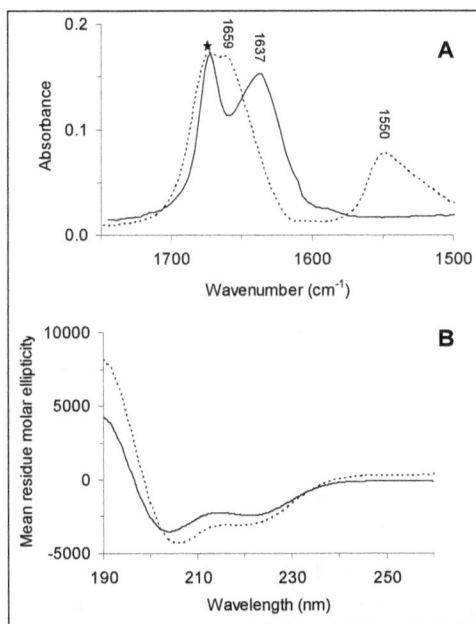

Figure 1. (**A**)Secondary structure of K$_3$A$_{18}$K$_3$ peptide. FTIR spectra of K$_3$A$_{18}$K$_3$ at 20 mg/mL in ^{2}H$_2$O Tris buffer pH 8.5 (full line) and in TFE (dashed line).The star indicates a contaminant acetate band. (**B**) CD spectra of K$_3$A$_{18}$K$_3$ at 0.3 mg/ml in water (full line) and in TFE (dashed line).

The presence of helix structures is consistent with the prediction of secondary structure based from the amino acid sequence. The probability of α-helix structure in the K$_3$A$_{18}$K$_3$ peptide was between 83% and 96% (depending on the window analysis size) (12). It was confirmed by CD spectrum of K$_3$A$_{18}$K$_3$ peptide in TFE, showing that the peptide was mainly structured in α-helix (Fig. 1B). However, the peptide in deuterated Tris buffer pH 8.5 was mostly β-sheet according to its infrared spectrum (Fig. 1, full line) as evidenced by the 1637-cm^{-1} characteristic β-sheet structures (15-17). The mean molar ellipticity of K$_3$A$_{18}$K$_3$ peptide measured at 222 nm significantly increased by changing the solvent from TFE to aqueous solution (Fig.1B), confirming that TFE is a well-known solvent promoting α-helix structure.

Adsorptions, conformations and orientations of K$_3$A$_{18}$K$_3$ and alamethicin at the air/water interface

The adsorption of K$_3$A$_{18}$K$_3$ at air-water interface was examined by measuring the surface pressure at constant area as a function of time. Figure 2A depicts the kinetics of the surface pressure after injection of K$_3$A$_{18}$K$_3$ at various concentrations into different subphases. The adsorption of K$_3$A$_{18}$K$_3$ at air-water interface was examined by measuring the surface pressure at constant area as a function of time. Figure 2A depicts the kinetics of the surface pressure after injection of K$_3$A$_{18}$K$_3$ at various concentrations into different subphases. No adsorption was detected with 8.6 μM K$_3$A$_{18}$K$_3$ into pure water (Fig. 2A, trace a), while a limited adsorption was observed with 8.6 μM K$_3$A$_{18}$K$_3$ in Tris buffer at pH 7.4 (Fig. 2A, trace b). In the case of a Tris buffer at pH 8.5 subphase, significant increases of the surface pressure were obtained when the peptide concentration varied from 0.9 to 8.6 μM (Fig 2A, traces c-e).The K$_3$A$_{18}$K$_3$-induced pressure increases were compared with the alamethicin-induced pressure–increases measured either with a pure water subphase or with a pH-8.5 Tris buffer subphase (Fig. 2B). The increase in surface pressure of alamethicin was 20 to 100-fold greater than that of K$_3$A$_{18}$K$_3$. The interface adsorption of alamethicin was less dependent on the subphase type (*i.e.* pure water or buffer) as compared with that of K$_3$A$_{18}$K$_3$ (Fig. 2B). The orientation of β-sheet segments of K$_3$A$_{18}$K$_3$ at the air-water interface at 10 mN/m (Fig. 3A trace a) and 30 mN/m (Fig. 3A, trace b) at pH 8.5 was determined by measuring PM-IRRAS spectra. Whatever the pressure, the PM-IRRAS spectra of K$_3$A$_{18}$K$_3$ (Fig. 3A) showed two bands in the amide-I region: the main one was centered at 1622 cm^{-1} and the second one was seen around 1693 cm^{-1}. The amide-II band was located at 1519 cm^{-1}. The 1622-cm^{-1} band associated with the small 1693-cm^{-1} component band, observed in both spectra, is in agreement with the presence of β-sheets. Due to the polarized infrared beam, PM-IRRAS allowed us to determine the changes in the orientation of dipole moments associated with vibrational modes.

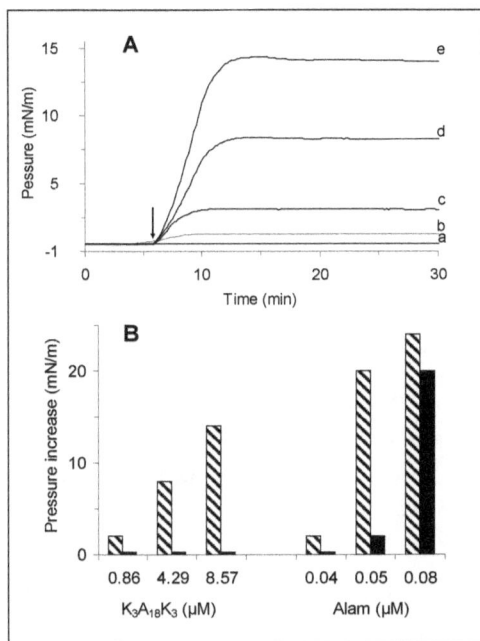

Figure 2. Interfacial properties of K₃A₁₈K₃ and alamethicin.
(A) Kinetics of surface pressure increase due to the K₃A₁₈K₃ adsorption at the air-water interface at 21°C. The arrow indicates when K₃A₁₈K₃ was added. The final concentration was 8.6 μM in water (trace a) and in Tris buffer pH 7.4 (trace b). In Tris buffer pH 8.5, the peptide concentration injected in the subphase was 0.9 μM (trace c), 4.3 μM (trace d) and 8.6 μM (trace e). (B) Comparison of the surface pressure increase due to the adsorption of K₃A₁₈K₃ and alamethicin at the indicated concentrations in abscisse, both determined at 21 °C. Filled rectangles correspond to water subphase and hatched rectangles to Tris buffer pH 8.5 subphase.

Isotropic distributions of dipole moments associated with water-vapor molecules or contaminated acetates (or acetates are not adsorbed at the air/water interface) make these molecules invisible in the PM-IRRAS spectrum. To analyze the orientation changes of dipole moments, the intensity ratios were determined since the increase in the intensity of one band could reflect not only the orientation change but also the increasing peptide concentration at the air/water interface. This would explain the absence of the 1672-cm^{-1} band in the PM-IRRAS spectra (Fig. 3A). The intensity ratios of the amide-I band/amide-II band increased from 1.4 to 2 when increasing the surface pressure from 10 to 30 mN/m (compare traces a and b in Fig. 3A), indicating modifications in the orientation of $K_3A_{18}K_3$ (18). These spectra were then compared with the alamethicin spectra measured at different surface pressures from 10 mN/m (Fig. 3B, trace a) to 30 mN/m (Fig. 3B, trace b). The amide-I band of alamethicin was centered at 1650 cm^{-1}, while the amide-II band was located at 1535 cm^{-1} (Fig. 3B). The location of the amide-I band of alamethicin is in agreement with the presence of α-helix and its width suggests the presence of other structures No significant changes in the amide I/amide II intensity ratios were observed (Fig. 3B, insert) when the pressure increased from 10 to 30 mN/m.

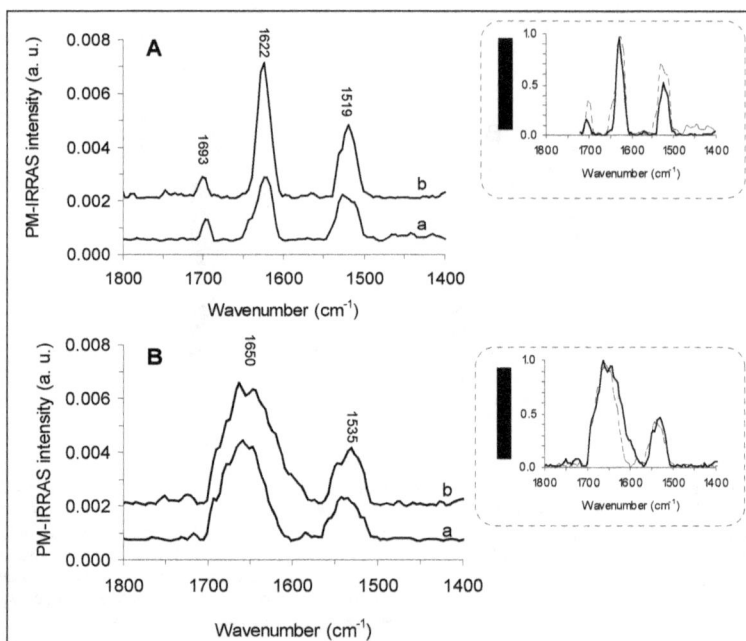

Figure 3. Secondary structure of $K_3A_{18}K_3$ and alamethicin at the air-water interface.
(A) PM-IRRAS spectra of $K_3A_{18}K_3$ at the air-water interface. Spectra were collected at the different surface pressures of the peptide monolayer: 5 mN/m (trace a) and 30 mN/m (trace b). (B) PM-IRRAS spectra of alamethicin at the air-water interface. Spectra were collected at the different surface pressures of the peptide monolayer: 10 mN/m (trace a) and 30 mN/m (trace b). The subphase was Tris buffer pH 8.5, thermostated at 21°C. Three spectra were averaged to obtain the final spectra. The inserts correspond to normalized spectra at 10 mN/m (dashed lines) and 30 mN/m (solid lines)

Interaction of $K_3A_{18}K_3$ and alamethicin with DMPC monolayers

The $K_3A_{18}K_3$ amphiphilic property and its conformational flexibility (changing from α-helix structure in TFE to β-sheet structure at the air-water interface) led us to investigate the peptide interactions with phospholipid monolayers. As a control, the monolayer of DMPC alone was compressed up to about 35 mN/m and a characteristic lipid isotherm was recorded (Fig. 4A, no symbol). The isotherm of the mixed monolayer containing the $K_3A_{18}K_3$ peptide and DMPC (1/5 mole ratio) was shifted toward a higher molecular area (Fig. 4A, triangles) as compared with the isotherm of the pure DMPC. This indicates that $K_3A_{18}K_3$ was in contact within the DMPC monolayer, as reported for other protein-lipid monolayers (14, 22-24).

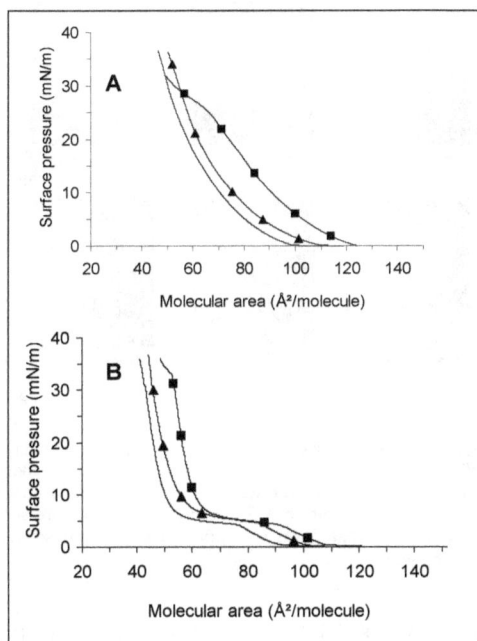

Figure 4. Influence of $K_3A_{18}K_3$ and alamethicin on the π/A isotherms of phosphatidylcholine monolayers at 21°C. The subphase was Tris buffer pH 8.5. **(A)** Isotherms of pure DMPC (no symbol), DMPC/$K_3A_{18}K_3$ (5/1, mol/mol) (triangles) and DMPC/alamethicin (100/1, mol/mol) (squares). **(B)** Isotherms of pure DPPC (no symbol), DPPC/$K_3A_{18}K_3$ (5/1, mol/mol) (triangles) and DPPC/alamethicin (100/1, mol/mol) (squares).

The isotherm of the mixed monolayer containing alamethicin and DMPC at a 1/100 mole ratio (*i. e.* 20-fold lower than the $K_3A_{18}K_3$/DMPC mole ratio) (Fig. 4A, squares), induced a shift toward higher molecular area as compared with the isotherm of pure DMPC

(Fig. 4A, no symbols). Then, we compared the behavior of the two peptides within the lipid monolayer at the air/water interface by recording BAM images. A typical image of DMPC alone obtained at surface pressure of 10 mN/m (Fig. 5A) did not show any condensed spots at the interface, as well as during the entire compression isotherm. This is in agreement with the liquid-expanded phase of DMPC at 21 °C. In the case of mixed DMPC-$K_3A_{18}K_3$ monolayer (molar ratio 5/1) small roundish bright spots appeared, confirming the presence of the peptide at the air-water interface (Figs. 5B and 5C), revealing condensed domains of DMPC induced by $K_3A_{18}K_3$.).

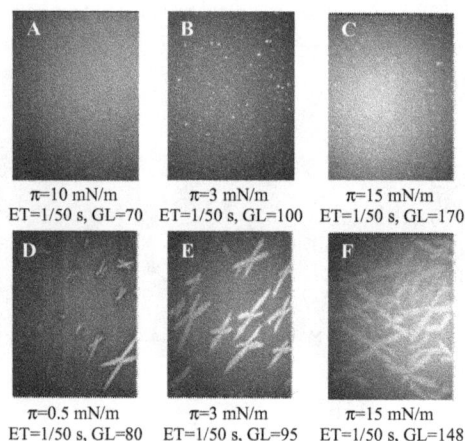

A	B	C
π=10 mN/m	π=3 mN/m	π=15 mN/m
ET=1/50 s, GL=70	ET=1/50 s, GL=100	ET=1/50 s, GL=170

D	E	F
π=0.5 mN/m	π=3 mN/m	π=15 mN/m
ET=1/50 s, GL=80	ET=1/50 s, GL=95	ET=1/50 s, GL=148

Figure 5. Influence of $K_3A_{18}K_3$ and alamethicin on the organization of DMPC monolayers at 21°C.
BAM images of pure DMPC monolayer **(A)**. BAM images of DMPC/$K_3A_{18}K_3$ monolayer (5/1, mol/mol) at surface pressure of 3 mN/m **(B)** and at surface pressure of 15 mN/m **(C)**. BAM images of DMPC/alamethicin monolayer (100/1, mol/mol) at surface pressure of 0.5 mN/m **(D)**, at surface pressure of 3 mN/m **(E)** and at surface pressure of 15 mN/m **(F)**. The subphase was Tris buffer pH 8.5. ET corresponds to exposure time, GL to gray level and π to interfacial pressure.

The BAM images of mixed DMPC/alamethicin monolayer (molar ratio 100/1) at pressures of about 0.5 mN/m (Fig. 5D), indicated small condensed spots in the form of small butterfly-shaped domains, bordered with a black thin zone (Fig. 5D). When pressure increased up to 3 mN/m, the size of the white spots inside the black zones increased until the disappearance of the black zones (Figs 5E and 5F). There was, in parallel, an increase of the grey level (Figs 5D to 5F). Such butterfly-shaped condensation domains have been observed for alamethicin alone at very low surface pressure lower than 1 mN/m (25).

Interaction of $K_3A_{18}K_3$ and alamethicin with DPPC monolayers

The well-known liquid-expanded to liquid-condensed phase transition of DPPC alone was observed at about 5 mN/m (Fig. 4B, no symbol). The isotherm of the interfacial film containing DPPC and the $K_3A_{18}K_3$ peptide (5/1 mole ratio) (Fig. 4B, triangles) was shifted toward a higher molecular area as compared with the isotherm of DPPC alone

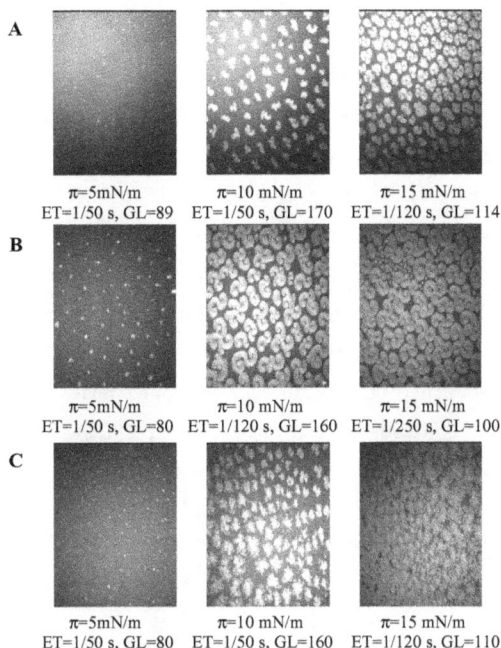

A
| π=5mN/m | π=10 mN/m | π=15 mN/m |
| ET=1/50 s, GL=89 | ET=1/50 s, GL=170 | ET=1/120 s, GL=114 |

B
| π=5mN/m | π=10 mN/m | π=15 mN/m |
| ET=1/50 s, GL=80 | ET=1/120 s, GL=160 | ET=1/250 s, GL=100 |

C
| π=5mN/m | π=10 mN/m | π=15 mN/m |
| ET=1/50 s, GL=80 | ET=1/50 s, GL=160 | ET=1/120 s, GL=110 |

Figure 6. Influence of $K_3A_{18}K_3$ and alamethicin on the organization of DPPC monolayers at 21°C. **Series A**: BAM images of pure DPPC monolayers at increasing surface pressure of 5mN/m, 10mN/m and 15mN/m. **Series B**: BAM images of DPPC/$K_3A_{18}K_3$ (5/1, mol/mol) at increasing surface pressure of 5mN/m, 10mN/m and of 15mN/m. **Series C:** BAM images of DMPC/alamethicin (100/1, mol/mol) at increasing surface pressure of 5mN/m, 10mN/m and 15mN/m. The subphase was Tris buffer pH 8.5. ET corresponds to exposure time, GL to gray level and π to interfacial pressure.

As in the case of DMPC, $K_3A_{18}K_3$ interacted with DPPC monolayer. The isotherm of the mixed monolayer containing DPPC and alamethicin (100/1 mole ratio, *i.e.* 20-fold less than $K_3A_{18}K_3$) induced also a shift toward a higher molecular area (Fig. 4B, squares) as compared with the isotherm measured in its absence. BAM images of DPPC alone showed the typical condensed spots (Fig. 6, series A) which were building up from increasing surface

79

pressure. Up to 5 mN/m, no large changes in the morphology of the condensed spots were observed in the case of mixed $K_3A_{18}K_3$-DPPC monolayer (Fig. 6, series B), as compared with pure DPPC monolayer (Fig. 6, series A). At higher pressures (between 10 mN/m and 15 mN/m), very well designed volutes of condensed spots appeared (Figs 6, series B) and were bigger than those observed in the case of DPPC alone.

Furthermore, the gray levels of the mixed $K_3A_{18}K_3$-DPPC monolayer, which increased during the monolayer compression, were more intense than those of pure DPPC monolayer, indicating that $K_3A_{18}K_3$ interacted with the interfacial film. Up to 5 mN/m, no large changes in the morphology of the condensed spots were observed in the case of mixed alamethicin-DPPC monolayer, as compared with pure DPPC monolayer (compare Fig. 6 series A and series C). For higher pressures (between 10 mN/m and 15 mN/m), the condensed spots, which appeared at the air-water interface, differed from those observed either with the pure DPPC monolayer or with the mixed $K_3A_{18}K_3$-DPPC monolayer (Figs 6, series B). Gray levels of the mixed alamethicin-DPPC monolayer increased during the monolayer compression. The increase in size of the DPPC domains in the presence of $K_3A_{18}K_3$ (Fig. 6B) is consistent with the DPPC/$K_3A_{18}K_3$ isotherm (Fig. 4B). Indeed, a shift of the phase transition to higher surface pressure can be seen in this isotherm (compared to pure DPPC) which is similar to measuring an isobar. It has been observed previously for different proteins.

NMR analysis of the effects of peptides on fluid-gel phase transition of multilamellar vesicles

The phase transition temperatures of lipid hydrocarbon chains can be determined by [1]HMAS-NMR (26). Indeed, at each MAS frequency, the ^{1}H resonances of hydrocarbon chains are well resolved in the fluid phase but broadened beyond detection in the gel state. The [1]HMAS-NMR spectra of DMPC MLV, with or without peptide, were recorded at 5 kHz and at different temperatures (data not shown). For each spectrum, the normalized intensity of the 10 Hz line broadened methylene resonance at 1.3 ppm was plotted versus temperature (Fig. 7). In the case of pure DMPC, the decrease in signal intensity corresponds to a fluid-gel phase transition. This transition at 23°C occurred in a sharp range of temperature, in agreement with previous findings (26-28).

The curve of gel-fluid phase transition of MLV containing DMPC and K$_3$A$_{18}$K$_3$ was slightly shifted to lower temperature by 1°C as compared with pure DMPC. The phase transition of MLV containing alamethicin, broader than that of pure DMPC, occurred between 16°C and 21°C.

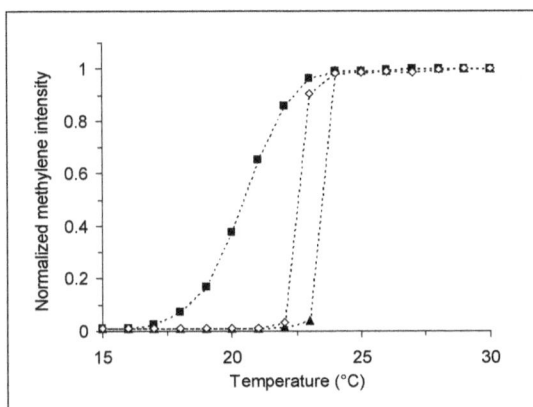

Figure 7. Effects of K$_3$A$_{18}$K$_3$ and alamethicin on phase transition of DMPC.
The normalized methylene intensity plotted versus temperature of multilamellar vesicles constituted by DMPC alone (open diamonds), by DPPC/K$_3$A$_{18}$K$_3$ (30/1, mol/mol) (triangles) and by DMPC/alamethicin (30/1, mol/mol) (squares). The dashed lines are included as a guide to the eye. MLV were prepared in Tris buffer pH 8.5.

Infrared spectra of the peptides inserted into multilamellar vesicles of DMPC

The infrared spectrum of DMPC MLV shows the typical C=O ester band centered at 1735 cm^{-1} (Fig. 8). In the presence of alamethicin, this band shifted to 1737 cm^{-1}, while in the presence of K$_3$A$_{18}$K$_3$, the C=O ester band was divided into two peaks, one at 1732 cm^{-1} and the other one at 1741 cm^{-1}, suggesting specific interactions between K$_3$A$_{18}$K$_3$ and the C=O ester of DMPC. The 1659-cm^{-1} band in the spectrum of MLV containing alamethicin corresponds to the α-helix structures previously described (17). The shift from the 1650 cm^{-1} amide I in the PM-IRRAS spectra to the 1659 cm^{-1} amide I' in the IR spectrum is due to deuteration of the peptide bonds and Gln residues by the ^{2}H$_2$O buffer (16). The bands at 1625 and 1693 cm^{-1} in the spectrum of MLV containing K$_3$A$_{18}$K$_3$ are assigned to β-sheet structures in K$_3$A$_{18}$K$_3$. Moreover, the acetate contaminant band in Fig. 8 was still detected and was located at ~1672 cm-1 as in Fig. 1.

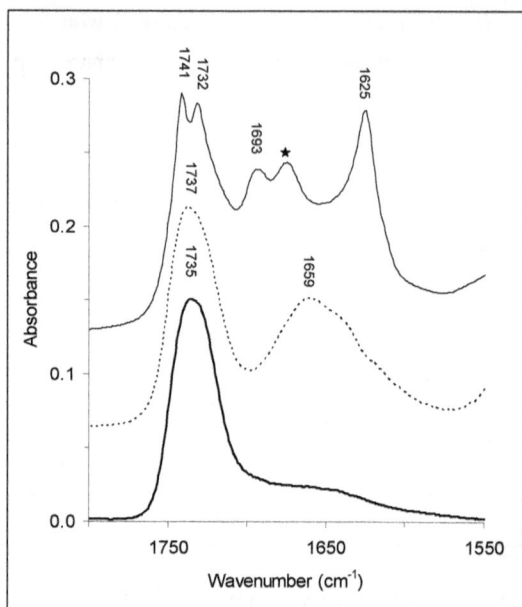

Figure 8. Infrared spectra of DMPC MLV in the presence of K₃A₁₈K₃ or alamethicin.
FTIR spectra of MLV containing pure DMPC (bold line), DMPC/alamethicin (30/1, mol/mol) (dashed line) or
DMPC/K₃A₁₈K₃ (30/1, mol/mol) (full line). MLV were prepared in ^2H_2O Tris buffer pH 8.5. The star indicates
the contaminant acetate band.

Discussion

Solvent effects on the stability of peptide secondary structure and interfacial orientation

Consistent with the structure prediction of polyalanine sequences and the TFE propensity to induce α-helix structure, $K_3A_{18}K_3$ peptide in TFE was mainly α-helical. However, when dissolved in water or in Tris buffers, $K_3A_{18}K_3$ was predominantly β-sheet pleated with a small α-helical content, indicating weaker stability of the α-helical structure of the $K_3A_{18}K_3$ peptide in aqueous buffer. The ability of $K_3A_{18}K_3$ to adopt β-sheet structure was confirmed by PM-IRRAS measurements of a monolayer constituted by $K_3A_{18}K_3$ alone. In contrast, alamethicin, a polyAib peptide, exhibited α-helices even in aqueous solution, thus suggesting that the α-helical structure is more stable. Solvent-dependent helical conformations have also been reported for other synthetic alanine-rich peptides (29-31).

This suggests the limits of structure prediction based on amino acid sequences, especially in the case of peptides which are usually more flexible than proteins. PM-IRRAS spectra of alamethicin at the air/water interface indicated in the amide-I region, a broad band centered at 1659-cm-1, characteristic of α-helices, corroborating the well-known stability of the helical structure of alamethicin. From the calculated spectra of the amide-I and amide-II regions for pure α-helices at different tilt angles θ according to (19-21), it can be deduced that the α-helix axis of alamethicin was preferentially oriented parallel to the air-water interface. Such an orientation of the peptide helix is in agreement with the area of 320 $Å^2$ per molecule determined during the compression of interfacial films of pure alamethicin (32, 33).

The PM-IRRAS spectra of $K_3A_{18}K_3$ were interpreted according to the calculated PM-IRRAS spectra of peptides containing pure β-sheets with different orientations relative to the interface (34). The strong positive amide-I band at 1622 cm^{-1} and weak positive amide-I band at 1693 cm^{-1}, as well as the intensity ratio amide-I band at 1622 cm^{-1}/amide-II band, suggest a β-sheet flat oriented at the interface plane at both pressures (18, 34). However, the monolayer model presents some limits. Indeed, it has a tendency to force the orientation of the peptides, *i.e.* the helical axis of alamethicin parallel to the air-water interface and β-sheet structures of $K_3A_{18}K_3$ oriented flat on the interface. Nevertheless, the monolayer model could mimic the initial steps of peptide and lipid interactions during the first contact of the peptide with bilayer membrane and could delineate the affinity of peptide for polar or hydrophobic regions of the lipids.

Influence of the secondary structure on peptide interactions with phospholipid monolayers. Balance between hydrophobic amino acids and α-helix structure.

The adsorptions at the air/water interface of the stable α-helical alamethicin and of the β-sheet pleated $K_3A_{18}K_3$ for the air-water interface were compared. Whatever the subphase pH, alamethicin exhibited higher adsorption at the air-water interface than $K_3A_{18}K_3$. The three positively charged lysine residues at each extremity of $K_3A_{18}K_3$ may contribute to the decrease of the peptide hydrophobicity. Indeed, it had been shown that polyalanine peptides adopt a variety of configurations, which are interconnected by multiple equilibria (13). Alternatively, α-helix structures have a tendency to be accumulated in the hydrophobic region of the membrane (32), explaining the greater affinity to air-water interface of the α-helical alamethicin as compared to the $K_3A_{18}K$, which contains less α-helical structure.

The affinities of our two model peptides for phosphatidylcholine monolayers were analyzed by looking for their abilities to modify the isotherms and the organization of DMPC or DPPC at the air-water interface. The isotherm of DPPC/alamethicin did not overlap that of pure DPPC, while the isotherm of DMPC/alamethicin overlapped that of pure DMPC. These different behaviors might come manly from the physical state of the two phospholipid monolayers at 30 mN/m. Indeed at this pressure, DPPC monolayers were in a liquid condensed state while DMPC ones were in liquid expanded state. In DMPC monolayer, peptide/peptide interactions prevailed, while in DPPC monolayer, which was more rigid at 30 mN/m, peptide-lipid interactions became preponderant. With both phospholipids DPPC and DMPC, $K_3A_{18}K_3$ induced the appearance of small condensed spots which were uniformly distributed in the lipid monolayers. The BAM images of DMPC monolayers containing alamathecin at a very high DMPC/peptide ratio (100/1, mol/mol) showed that the organization of alamethicin-enriched condensed domains was similar to that of the condensed domains of the peptide alone at very low pressure. It must be noticed that the butterfly-shaped condensed domains, observed in the DMPC-alamethicin monolayers and occupying more than 30% of the image surface, must be constituted by a mixture of lipid and peptide since the alamethicin-induced increase of the monolayer area represented only ~15% of the pure DMPC monolayer (Fig. 4A). This suggested a lateral segregation between DMPC-associated peptide domains and pure phospholipid domains. This is consistent with the phase-separation between alamethicin and lipids observed when the peptide was injected under interfacial monolayers (32, 35). Furthermore, alamethicin induced only changes in the morphology of the condensed zones of DPPC. The difference in the organization of alamethicin/DMPC and alamethicin/DPPC monolayers indicates that the alamethicin-lipid interactions are controlled by the presence of different physical states for DMPC and DPPC. In the case of DMPC monolayers, alamethicin-alamethicin interactions were more stable than lipid-alamethicin interactions, while DPPC-alamethicin interactions were more stable than alamethicin-alamethicin interactions. Such a segregating property could shift the equilibrium toward the aggregation and/or the oligomeric state of alamethicin and affect the channel formation by alamethicin molecules.

What is the driving momentum for peptide-phospholipid interactions?

In the case of alamethicin, the driving momentum during its interaction with biomimetic membranes seems to originate from its hydrophobic property. Indeed, the hydrophobic interactions induced perturbation of the carbon chains of phospholipid multilamellar vesicles (decrease of their phase transition and no change in the vibration of the carbonyl ester). These findings are consistent with a transmembrane location of the α-helix of alamethicin exhibiting its largest hydrophobic surface in membrane bilayers (36). Furthermore, the condensed regions of interfacial alamethicin-phospholipid monolayers (shown by BAM imaging) are similar to those observed with the peptide alone.

Taken together, our findings suggest that, during the interaction between membranes and alamethicin, there is an organization of the peptide molecules (preservation of the α-helix structure and the small butterfly-shaped domains of the alamethicin alone) within the phospholipid biomimetic membranes. As a consequence, there is a perturbation of the phospholipid organization (modification of the fluid-gel phase transition). In contrast, the K₃A₁₈K₃ interaction with biomimetic membranes seems to have a hydrophilic nature due to the charged lysine residues and its inability to form a stable α-helix structure despite the presence of highly hydrophobic alanine residues. Indeed, it was β-sheet-pleated in water and

α-helix-structured in TFE. Despite its contact with lipid multilamellar vesicles, K$_3$A$_{18}$K$_3$ remained mostly in β-sheets. This was unexpected since most polyalanine peptides are thought to be in helices when they are interacting with membranes. Moreover, the interactions between phospholipid and K$_3$A$_{18}$K$_3$ β-sheet involved mainly the head polar region of the phospholipids (significant peptide-induced changes in the phospholipid carbonyl ester) and did not insert within hydrocarbon regions (no K$_3$A$_{18}$K$_3$-induced modification of the phospholipid phase transition). This is a strong argument in favor of hydrophilic interactions between the phospholipid and the peptide.

Conclusions

Our findings indicate that the conformational state of the peptide may predetermine its interaction with lipids, thereby modulating its biological effect. Although only two peptides were investigated, striking differences in their ways to interact with lipids, it may be supposed that a large variety of interactions should occur for other peptides. A better knowledge on the detailed mechanism of lipid-peptide interactions should contribute to define their biological effects or their pathogenic mechanisms, especially in the case of aggregation processes associated with the conformational changes of β-amyloid peptides or in prion proteins observed in Alzheimer's or prion diseases (2, 3, 30, 37-38).

Acknowledgements.

We thank Dr T. Granjon and D. Cailleu for fruitful discussions and Dr. John Carew for the English corrections. A.K. and M.N.N. are both recipients of a Ph.D. fellowship from the French "Ministère de l'Education Nationale de la Recherche et de la Technologie".

References

1. Lashuel, H. A.; Petre, B. M.; Wall, J.; Simon, M.; Nowak, R. J.; Walz, T.; Lansbury, P. T. *J. Mol. Biol.* **2002**, 322, 1089.

2. Selkoe, D. J. *Nat. Cell. Biol.* **2004**, 6, 1054.

3. Lansbury, P. T. *Proc. Natl. Acad. Sci.* **1999**, 96, 3342.

4. Lansbury, P. T. *Neuron.* **1997**, 19, 1151.

5. Bechinger, B.; Kinder, R.; Helmle, M.; Vogt, T. B.; Harzer, U.; Schinzel, S. *Biopolymers* **1999**, 51, 174.

6. Garavito, R. M. *Curr. Opin. Struct. Biol.* **1998**, 9, 344.

7. Sparr, E.; Ash, W. L.; Nazarov, P. V.; Rijkers, D. T.; Hemminga, M. A.; Tieleman, D. P.; Killian, J. A. *J. Biol. Chem.* **2005**, 280, 39324.

8. Meyer, C. E.; Reusser, F. *Experientia* **1967**, 23, 85.

9. Karle, I.; Balaram, P. *Biochemistry* **1990**, 29, 6747.

10. Pispisa, B.; Stella, L.; Venanzi, M.; Palleschi, A.; Viappiani, C.; Polese, A.; Formaggio, F.; Toniolo, C. *Macromolecules* **2000**, 33, 906.

11. Pispisa, B.; Stella, L.; Venanzi, M.; Palleschi, A.; Marchiori, F.; Polese, A.; Toniolo, C. *Biopolymers* **2000**, 53, 169.

12. Geourjon, C., Deléage, G. *Comput. Appl. Biosci.* **1995**, 11, 681.

13. Bechinger, B. *Biophys. J.* **2001**, 81, 2251.

14. Kouzayha, A.; Besson, F. *Biochem. Biophys. Res. Commun.* **2005**, 333, 1315.

15. Tamm, L. K.; Tatulian, S. A. *Q. Rev. Biophys.* **1997**, 30, 365.

16. Vass, E., Hollosi, M., Besson, F., Buchet, R. *Chem. Rev.* **2003**, 103, 1917.

17. Haris, P.I.; Chapman, D. *Biochim. Biophys. Acta.* **1988**, 943, 375.

18. Castano, S.; Desbat, B.; Dufourcq, J. *Biochim. Biophys. Acta.* **2000**, 1463, 65.

19. Castano, S.; Desbat, B.; Laguerre, M.; Dufourcq, J. *Biochim. Biophys. Acta.* **1999**, 1416, 176.

20. Cornut, I.; Desbat, B.; Turlet, J. M.; Dufourcq. J. *Biophys. J.* **1996**, 70, 305.

21. Desmeules, P.; Penney, S. E.; Desbat, B.; Salesse, C. *Biophys. J.* **2007**, 93, 2069.

22. Rosengarth, A.; Wintergalen, A.; Galla, H. J.; Hinz, H. J.; Gerke, V. *FEBS Lett.* **1998**, 438, 279.

23. Gicquaud, C.; Chauvet, J. P.; Tancrede, P. *Biochem. Biophys. Res. Commun.* **2003**, 308, 995.

24. El Kirat, K.; Chauvet, J. P.; Roux, B.; Besson, F. *Biochim. Biophys. Acta.* **2004**, 1661, 144.

25. Haefele, T.; Kita-Tokarczyk, K.; Meier W. *Langmuir* **2006**, 22, 1164.

26. Gaede, H. C.; Luckett, K. M.; Polozov, I. V.; Gawrisch, K. *Langmuir* **2004**, 20, 7711.

27. Dixon, G. S.; Black, S. G.; Butler, C. T.; Jain, A. K. *Anal. Biochem.* **1982**, 121, 55.

28. Boggs, J. M.; Rangaraj, G. *Biochim. Biophys. Acta.* **1985**, 816, 221.

29. Baginska, K.; Makowska, J.; Wiczk, W.; Kapasprzykowski, F.; Chmurzynski, L. *J. Pept. Sci.* **2008**, 14, 283.

30. Ding, F.; Borreguero, J. M.; Buldyrey, S. V.; Stanley, H. E.; Dokholyan, N. V. *Proteins* **2003**, 53, 220.

31. Nguyen, H. D.; Marchut, A. J.; Hall, C. K. *Protein Sci.* **2004**, 13, 2909.

32. Volinsky, R.; Kolusheva, S.; Berman, A.; Jelinek, R. *Biochim. Biophys. Acta.* **2006**, 1758, 1393.

33. Marsh, D. *Biochem. J.* **1996**, 315. 345

34. Banc, A.; Desbat, B.; Renard, D.; Popineau, Y.; Mangavel, C.; Navailles. L. *Langmuir* **2007**, 23, 13066.

35. Ionov, R.; El-Abed, A.; Goldmann, M.; Peretti, P. *J. Phys. Chem. B* **2004**, 108, 8485.

36. Tieleman, D. P.; Berendsen, H. J. C.; and Sansom, M. S. P. *Biophys. J.* **2001**, 80, 331.

37. Bao, X.; Chen, Y. S.; Lee, H. S.; Lee, C.; Reuss, L.; Altenberg, G. A. *J. Biol. Chem.* **2005**, 280, 8647.

38. Toriumi, K.; Oma, Y.; Kino, Y.; Futai, E.; Sasagawa, N.; Ishiura, S. E. *J. Neurosci. Res.* **2008**, 86, 1529.

CHAPITRE 2

Interactions of two transmembranes peptides in supported lipid bilayers studied by a ^{31}P and ^{15}N MAOSS NMR strategy

Dans le chapitre précédent, nous avons démontré que le comportement membranaire des peptides dépend de leur structure secondaire et de l'environnement lipidique. Dans le cas de l'alaméthicine, nous avons observé des interactions de nature hydrophobe. Elles interviennent entre les chaînes carbonées de phospholipides et l'hélice α. L'analyse des interactions de ces peptides avec les phospholipides a montré une modification au niveau de l'organisation des phospholipides (DMPC et DPPC). Nous avons alors envisagé d'approfondir l'analyse des interactions peptides/lipides, en passant à un système de bicouches lipidiques.

En effet, dans cet environnement, la littérature indique que le peptide $K_3A_{18}K_3$ (Bechinger, 2001), tout comme l'alaméthicine, est un peptide supposé avoir une insertion transmembranaire. Dans le but de mimer au mieux la membrane biologique, nous nous sommes tournés vers des systèmes de bicouches. Ainsi, dans ce chapitre, nous proposons une étude par RMN des solides sur un modèle biomimétique supporté sur un film de PET.

Ce modèle permet d'obtenir des phospholipides qui sont orientés en géométrie cylindrique et dont l'étude par RMN du ^{31}P est bien connue au laboratoire. Dans nos expériences, nous avons appliqué la stratégie MAOSS en ^{31}P pour analyser l'insertion des peptides d'une façon indirecte en suivant les modifications de l'organisation des lipides. Un degré d'orientation a été obtenu par les intensités des bandes de rotation observées dans les spectres ^{31}P pour des faibles vitesses de rotation.

S'agissant du peptide de synthèse $K_3A_{18}K_3$, enrichi en ^{15}N sur l'Alanine 13, l'orientation dans un modèle de bicouches supportées pourra être directement analysée par des expériences de polarisation croisée. De plus, l'effet de son insertion dans la bicouche lipidique sera également étudié par l'analyse en RMN du phosphore-31. Quant à l'alaméthicine naturelle, son insertion dans la bicouche sera indirectement déduite par l'analyse de l'organisation des phospholipides dans le même modèle de bicouches supportées.

Nous avons pu montrer que l'orientation de bicouches de DMPC, supportées sur le PET, n'a pas été affectée par la présence du $K_3A_{18}K_3$. D'autre part, ce peptide a montré une bonne orientation dans ce système biomimétique. Nous avons également observé une désorganisation de système des bicouches supportées sur le PET en présence de l'alaméthicine.

Interactions of two transmembrane peptides in supported lipid bilayers studied by a ^{31}P and ^{15}N MAOSS NMR strategy

Keywords. Biomimetic membranes, NMR-MAOSS, alamethicin, polyalanine peptide, supported lipid bilayers.

Abbreviations. DMPC, 1,2-dimyristoyl-sn-glycero-3-phosphatidylcholine; MAOSS, magic angle-oriented sample spinning; MAS, magic angle spinning; PET, polyethylene terephthalate; TFE, 2,2,2-trifluoroethanol; TM, transmembrane.

Running title. Insertion of K₃A₁₈K₃ or alamethicin on supported DMPC bilayers.

Abstract

^{31}P and ^{15}N solid-state NMR with the magic angle-oriented sample spinning (MAOSS) strategy was used to investigate the effect of two model peptides on phospholipid bilayers mimicking biological membrane. One of the peptides, alamethicin, used as a reference of transmembrane alignment, has been shown to disrupt the lipid bilayer organisation, affecting the DMPC packaging. On the other hand, a α-helix alanine-rich peptide, K₃A₁₈K₃, with a ^{15}N labelled alanine, did not present any effect in the DMPC bilayer organisation. The mean orientation of this peptide in the bilayer gave a transmembrane alignment of about 80%.

Introduction

Membrane-associated peptides and proteins present a crucial role in antimicrobial activities. One approach to study their interactions in biological membranes is the use of biomimetic membranes [1,2]. Due to their robustness, supported lipid bilayers are particularly well designed for biophysical studies [3-6]. Concerning NMR investigations, oriented samples on solid support lead to better resolved spectra and allow for either protein structural studies or orientation information, one of the key features of protein activities [7,8].

Structure and orientational information of membrane proteins by solid-state NMR has mainly been investigated by static experiments with mechanically oriented sample. Spinning at the magic angle (MAS) has lead to better-resolved spectra with higher sensitivity. However, orientational information can be lost. Some recent NMR studies introduce the magic angle-oriented sample spinning (MAOSS) concept. This methodology is the combination of the mechanical orientation of the sample and MAS. In order to reintroduce orientational information, low spinning rate is required. Indeed, in these conditions, all anisotropic interactions are partially maintained such as chemical shift anisotropy, quadrupolar splittings or dipolar couplings. Thus, orientational information can be obtained from the analysis of the intensities of spinning side bands. This technique has been used to obtain ^{1}H, ^{31}P or ^{15}N high-resolution NMR spectra of peptides or lipids in view of orientation and insertion studies [9-13].

In this work, this MAOSS approach was used to investigate the insertion and interactions of two model peptides in supported lipid bilayers. These two models peptides are, on one hand synthetic α-helix alanine-rich peptide, K₃A₁₈K₃ [14], and on the other hand, alamethicin, which is a well-documented natural transmembrane α-helix of the peptaïbol family [15–18]. The peptaibols are antimicrobial peptides providing a defence against microbial invasion. Thus, they may be a potential alternative to the use of antibiotics. The presence of non-usual amino acids such as α-aminoisobutyric acid (aib) leads to stable helicoidal structures. Whatever the mode of action of these membranotrope peptides, known or assumed, their insertion induced a disruption in the lipid organisation [19].

The goal of this chapter is to present some potentiality of the MAOSS strategy to investigate two modes of peptide insertion.

Materials and methods

Materials

Alamethicin and 1,2-dimyristoyl-sn-glycero-3-phosphatidylcholine (DMPC) were purchased from Sigma Chemical Co. (St. Louis, MO) and used without further purification. K₃A₁₈K₃, labeled with ^{15}N at alanine 13, was prepared by solid-phase peptide synthesis using

Fmoc (N-9-fluorenylmethyloxycarbonyl) chemistry [20]. The ultrapure water (Barnstead system) had a resistivity of 18.3 MΩ·cm-1. Chloroform is of analytical grade and 2,2,2-trifluoroethanol is of spectroscopic grade.

PET sample preparation

Pure phosphatidylcholine, phosphatidylcholine/alamethicin (30:1 mol:mol) or phosphatidylcholine/$K_3A_{18}K_3$ (30:1 mol:mol) were dissolved in $CHCl_3$ or TFE respectively. A volume sample corresponding to 20 mg of phospholipids was spread on a PET sheet. DMPC, alone or in mixture with one peptide, was adsorbed on PET sheet. $CHCl_3$ or TFE was then evaporated under vacuum and the resulting dried PET sheet was hydrated under water vapour-saturated atmosphere in a closed vessel kept at 298 K during 2 days.

NMR experiments

All the experiments were performed on a Bruker 500 DRX (Bruker, Wissembourg, France) at magnetic field of 11.7 T. ^{31}P NMR Hahn Echo experiments with high-power proton decoupling were performed using CPMAS probes. The ^{31}P 90° pulse length was set to 5.9 µs at 202.47 MHz. A 40 µs delay was used between the 90° pulse and the 180° pulse. The recycling time was set to 5 s. Line broadening of 10 Hz were applied. The chemical shifts were referenced with H_3PO_4. ^{15}N NMR experiments were conducted at 50.68 MHz using a cross polarization (CP) sequence with a contact time and a recycle delay time 1 ms and 3 s, respectively. The ^{15}N 90° pulse length was set to 5 µs and the ^{15}N RF amplitude was ramped from 80 to 100%. A 10 Hz exponential line-broadening was applied before Fourier transformation. The chemical shifts were referenced with ^{15}NH$_4$Cl.

Simulation of NMR spectra

^{31}P and ^{15}N MAS spectra of the PET constructions were simulated in the time domain using an approach equivalent to those described by [10, 12, 21]. The cylindrical distribution of lipids was simulated by a series of crystallites describing a circle in the plane perpendicular to the rotor axis. To account for PET surface irregularities or a mismatch between the lipid bilayer and the PET cylinder, a Gaussian distribution of the crystallites orientation was introduced. The total free induction decay (FID) was calculated by adding the signal from the perpendicularly oriented crystallites, multiplied by the fraction of perfectly oriented lipids, and the signal from the Gaussian distribution of orientations (mosaic spread), multiplied by the fraction of unoriented lipids. The NMR spectra were calculated using a ^{31}P NMR chemical shift anisotropy tensor with cylindrical symmetry and an anisotropy of δ=34.6 ppm and a ^{15}N NMR chemical shift anisotropy tensor with a 0.3 anisotropy parameter and an anisotropy of δ=144 ppm. A total of 360 crystallite orientations were considered, and 1024 steps with a dwell time of 20 µs were calculated. The resulting FID was finally multiplied by an exponential line broadening function of 25 Hz before Fourier transformation.

Results and discussion

The Insertion of $K_3A_{18}K_3$ or alamethicin on DMPC oriented bilayers has been investigated with the MAOSS strategy. A film of peptide in DMPC is adsorbed on a sheet of PolyEthyleneTetraphtalate (PET), and then hydrated under water saturated atmosphere. Then the biomimetic membrane on PET can be rolled into cylinders, placed in the rotor with its long axis collinear to the rotor axis, allowing for a cylindrical arrangement of lipids [11, 12] (Figure 1).

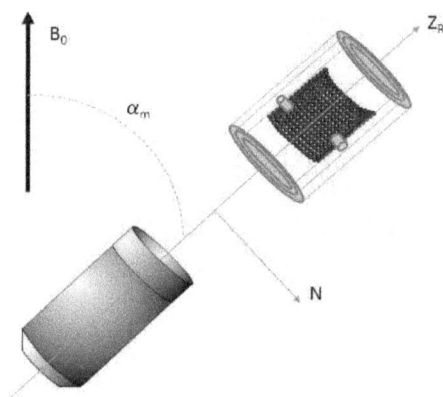

Figure 1. Illustration of the MAOSS strategy with peptide in phospholipid bilayers adsorbed on a polymer sheet (PET). B0, the magnetic field; α_m; the magic angle (54.7°); N, the normal of the bilayer and Zr, the rotor axis.

^{31}P MAS NMR spectra of supported DMPC bilayers containing the cationic $K_3A_{18}K_3$ peptide are shown in figure 2. Spinning sample at the magic angle with a low spinning rate leads to a NMR spectrum with narrow spinning side bands (Figure 2C). The analysis of the intensities of spinning side bands through a fit with simulated spectra (Figure 2D) permits to obtain the proportion of oriented and unoriented bilayers. In this strategy, a perfect cylindrical arrangement of lipids (Figure 2B) must lead to a zero intensity of odd-numbered side bands [10]. At the opposite, a random distribution of lipids presents all the spinning side bands corresponding to all the orientations as shown in figure 2A. In the $K_3A_{18}K_3$ peptide in lipid bilayers spectrum (Figure 2C), the odd-numbered side bands are still present but their intensities are lower. By a combination of the two extreme cases (Figure 2A and 2B), a good agreement between experimental and simulated spectra is obtained for 72 % of oriented lipids and a mosaic spread of 12°. These values are close to those obtained for lipid bilayers adsorbed on a PET polymer sheet, 75% of oriented lipids and a mosaic spread of 8° [12]. As these values are in the same range, the insertion of the $K_3A_{18}K_3$ peptide seems not to disrupt the lipid bilayer organization and to not induce breaking in the lipid organization. Due to the alanine sequence, and thus its hydrophobicity, the peptide is supposed to mainly have a transmembrane alignment [14], however it does not affect the DMPC packaging.

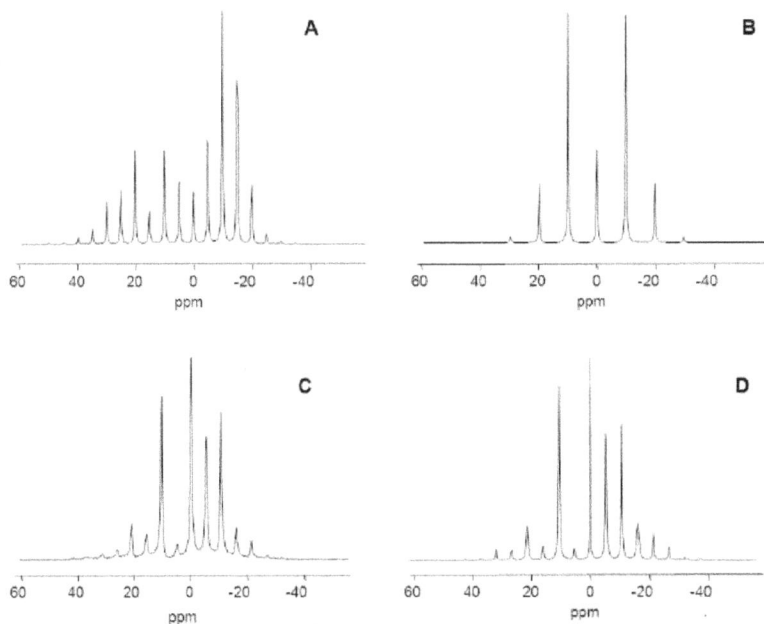

Figure 2. MAS (1 kHz) ^{31}P NMR spectra of DMPC and $K_3A_{18}K_3$ peptide (30:1 mol:mol) adsorbed on a PET film. (A) simulated MAS spectra for a random distribution (B) simulated MAS spectra for a perfect cylindrical distribution (C) experimental and (D) the corresponding simulated MAS spectra.

If we turn to a well known pore forming peptide, alamethicin, which adopts a transmembrane configuration in lipid bilayers depending the peptide/lipid ratio [17], with strong interactions with acyl chains, it is attempted a perturbation in the organisation of the hydrophobic moities of the phospholipids.

Indeed, in the case of the alamethicin inserted in DMPC bilayers supported on a rolled PET sheet, the experimental NMR spectrum (Figure 3A) could be fitted by a powder-like spectrum (Figure 3B). Such a result is due to an induced disorganization of the cylindrical arrangement of the lipid bilayers leading to a randomly distribution of lipids. This could be explained by a strong interaction between alamethicin and the phospholipid acyl chains.

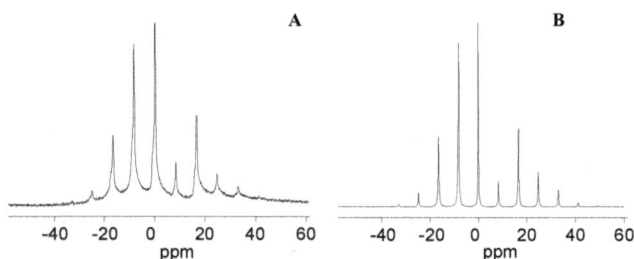

Figure 3. MAS (1.67 kHz) ^{31}P NMR spectra of DMPC and Alamethicin peptide (30:1 mol:mol) adsorbed on a PET cylinder.(A) experimental and (B) simulated MAS spectra.

With this MAOSS strategy on supported lipid bilayers, the effect on the lipid organisation of peptide insertion can be evidence. The results suggest a different behavior between the two transmembrane peptides, with strong interactions for alamethicin and no or weak interaction for $K_3A_{18}K_3$ peptide with the hydrophobic part of the DMPC bilayers. To investigate more directly the behavior of this peptide, insertion and orientation of the ^{15}N labeled $K_3A_{18}K_3$ have been studied by ^{15}N MAOSS NMR. The experimental and simulated ^{15}N NMR spectra of this biomimetic membrane are represented in Figure 4. The pattern of the experimental spectrum is similar to the ^{31}P NMR signal observed for the DMPC bilayer and is characteristic of a transmembrane orientation with the α-helical axis collinear to the membrane normal [10].

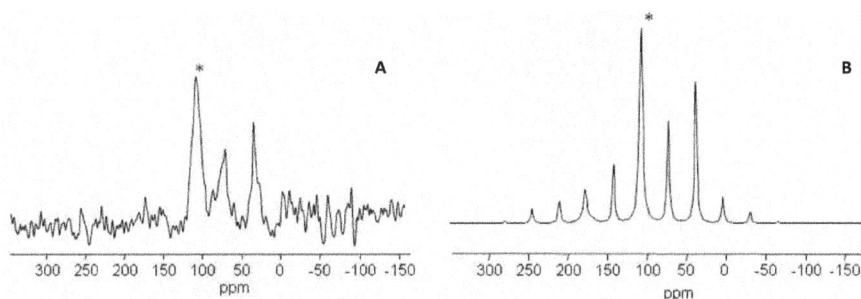

Figure 4. MAS (1.67 kHz) ^{15}N NMR spectra of $K_3A_{18}K_3$ peptide (30:1 mol:mol) adsorbed on a PET film. (A) experimental and (B) simulated MAS spectra.

From the simulation, the orientation of the α-helix peptide is up to 60% with a mosaic spread of 9°. Thus, this is in agreement with a large transmembrane alignment. As compared with the own phospholipids orientation, on the 72% of cylindrically oriented lipids, the fraction of transmembrane peptide alignment is then around 80%. The remaining fraction can result of a random distribution of the peptides in the defects of the lipid bilayer itself as already described elsewhere [12].

On figure 5, a schematic model of the resulting insertion of the two model peptides is proposed, based on the NMR-MAOSS experiments. On figure 5A, an ideally cylindrical alignment of the supported DMPC bilayers, not disrupted by the transmembrane insertion of the cationic $K_3A_{18}K_3$ peptide (Figure 5B). On the other hand, the lipid alignment is strongly disorganized by the presence of alamethicin (Figure 5C).

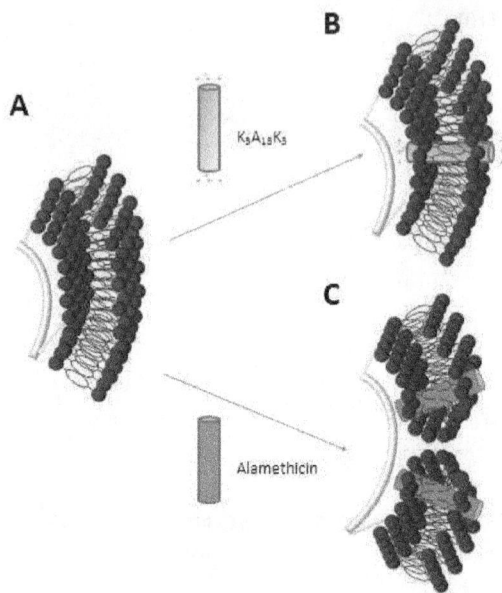

Figure 5. Cartoon of the resulting $K_3A_{18}K_3$ peptide (B) and alamethicin (C) insertion in DMPC supported bilayers.

Conclusion

Our findings indicate that insertion of peptides in lipid bilayers environment may be determine by the use of solid-state NMR MAOSS strategy. The effect on the lipid organization can be deduced from the ^{31}P spectra while using ^{15}N labeled peptide, the orientation of peptide can be directly assessed. It is then possible to study the mechanism of action of antimicrobial peptides by studying their effect on membrane organization.

References

1. S.G. Boxer, Molecular transport and organization in supported lipid membranes, Curr. Opin. Chem. Biol. 4 (2000) 704–709.

2. S. Faiss, K. Kastl, A. Janshoff, C. Steinem, Formation of irreversibly bound annexin A1 protein domains on POPC/POPS solid supported membranes, Biochim Biophys Acta. 1778 (2008) 1601-1610.

3. K. Glasmästar, C. Larsson, F. Höök, B. Kasemo, Protein Adsorption on Supported Phospholipid Bilayers, Journal of Colloid and Interface Science 246 (2002) 40-47.

4. C. Rossi, J. Chopineau, Biomimetic tethered lipid membranes designed for membraneprotein interaction studies, Eur. Biophys. J. 36 (2007) 955-965.

5. C. Reich, M.R. Horton, B. Krause, Gast A.P., Rädler J.O., Nickel B., Asymmetric structural features in single supported lipid bilayers containing cholesterol and GM1 resolved with synchrotron x-ray reflectivity, Biophys. J. 95 (2008) 657-668.

6. M. Li, M. Chen, E. Sheepwash, C.L. Brosseau, H. Li, B. Pettinger, H. Gruler, J. Lipkowski, AFM studies of solid-supported lipid bilayers formed at a Au(111) electrode surface using vesicle fusion and a combination of Langmuir-Blodgett and Langmuir-Schaefer techniques, Langmuir 24 (2008) 10313-10323.

7. A.A. De Angelis, D.H. Jones, C.V. Grant, S.H. Park, M.F. Mesleh, S.J. Opella, NMR experiments on aligned samples of membrane proteins, Methods in enzymology 394 (2005) 350-382.

8. T.A. Cross, Structural biology of peptides and proteins in synthetic membrane environments by solid-state NMR spectroscopy, Annu. Rev. NMR Spectrosc. 29 (1994) 122–167.

9. C. Glaubitz, A. Watts, Magic angle-oriented sample spinning (MAOSS): a new approach toward biomembrane studies, J. Magn. Reson. 130 (1998) 305–316.

10. C. Glaubitz, An introduction to MAS NMR spectroscopy on oriented membrane proteins, Concepts Magn. Reson. 12 (2000) 137–151.

11. C. Sizun, B. Bechinger, Bilayer sample for fast or slow magic angle oriented sample spinning solid-state NMR spectroscopy, J. Am. Chem. Soc. 124 (2002) 1146-1147.

12. O. Wattraint, A. Arnold, M. Auger, C. Bourdillon, C. Sarazin, Lipid bilayer tethered inside a nanoporous support: a solid-state nuclear magnetic resonance investigation, Anal. Biochem. 336 (2005) 253-261.

13. J.J. Lopez, A.J. Mason, C. Kaiser, C. Glaubitz, Separated local field NMR experiments on oriented samples rotating at the magic angle, J. biomol. NMR 37 (2007) 97-111.

14. B. Bechinger, Membrane insertion and orientation of polyalanine peptides: a ^{15}N solidstate NMR spectroscopy investigation, Biophys. J. 81 (2001) 2251-2256.

15. M. Bak, R.P. Bywater, M. Hohwy, J.K. Thomsen, K. Adelhorst, H.J. Jakobsen, O.W. Sørensen, N.C. Nielsen, Conformation of alamethicin in oriented phospholipid bilayers determined by ^{15}N Solid-State Nuclear Magnetic Resonance, Biophys. J. 81 (2001) 1684-1698.

16. H.W. Huang, Y. Wu, Lipid-alamethicin interactions influence alamethicin orientation, Biophys. J. 60 (1991) 1079-1087.

17. P.C. Dave, E. Billington, Y. Pan, S.K. Straus, Interaction of Alamethicin with Ether-Linked Phospholipid Bilayers: Oriented Circular Dichroism, ^{31}P Solid-State NMR, and Differential Scanning Calorimetry Studies, Biophys. J. 89 (2005) 2434-2442.

18. S. Qian, W. Wang, L. Yang, H. W. Huang, Structure of the alamethicin pore reconstructed by X-Ray diffraction analysis, Biophys. J. 94 (2008) 3512–3522.

19. E. Andrès, J.L. Dimarcq, Cationic antimicrobial peptides: from innate immunity study to drug development. Up date, médicine et maladies infectieuses 37 (2007) 194-199.

20. P. Maurice, V. Pires, C. Amant, A. Kauskot, S. Da Nascimento, P. Sonnet, J. Rochette, C. Legrand, F. Fauvel-Lafeve, A. Bonnefoy, Antithrombotic effect of the type III collagenrelated octapeptide (KOGEOGPK) in the mouse, Vasculare pharmacology 44 (2006) 42-49.

21. O. Wattraint, D.E. Warschawski, C. Sarazin, Tethered or adsorbed lipid bilayers in nanotubes as oriented model membranes for slow magic angle spinning Solid-State NMR spectroscopy, Langmuir 21 (2005) 3226-3228.

Derivatisation of porous alumina as support of biomimetic membranes: a HR-MAS proton NMR study

Dans les deux chapitres précédents, nos travaux ont porté sur des modèles membranaires biomimétiques variés allant de systèmes non-supportés (monocouches interfaciales, MLV) au modèle des bicouches supportées sur le PET. Ces études ont permis d'obtenir des informations sur la conformation et l'orientation des peptides et des lipides ainsi que sur leurs interactions intermoléculaires. Le modèle obtenu par adsorption de film lipidique sur PET avait été retenu initialement au laboratoire pour la mise au point des expériences de RMN des solides. En effet, il permettait d'obtenir une organisation cylindrique des lipides, de façon simple et rapide par rapport au modèle biomimétique développé dans notre unité que nous allons décrire dans ce chapitre.

Le modèle biomimétique initialement développé dans notre unité est plus élaboré. Il est fondé sur la formation de bicouches lipidiques décollées du support à l'intérieur d'un oxyde d'aluminium nanoporeux ou AAO pour *anodic aluminum oxide*. Ce type de structure crée un compartiment entre le support et la bicouche de façon à faciliter l'insertion de peptides et protéines transmembranaires (Elie-Caille *et al.*, 2005).

Cette structure biomimétique était utilisée pour la première fois avec pour objectif final l'obtention de paramètres liés aux activités catalytiques des protéines de la chaîne respiratoire. Ainsi du fait de la géométrie et de la grande surface de la bicouche, ce système peut être considéré comme un modèle simplifié des membranes internes des chloroplastes ou des mitochondries (Proux-Delrouyré *et al.*, 2001). Dans notre équipe, Wattraint et Sarazin (2005) ont déjà montré que ce système permet une hydratation optimale et que de ce fait, il donne il donne une meilleur fluidité des lipides que dans le modèle PET puisque le dispositif AAO baigne dans une solution aqueuse.

La construction des bicouches lipidiques dans l'AAO nécessite plusieurs étapes décrites initialement par Proux-Delrouyré *et al.*, (2001). La figure 1 illustre la structure idéale de modèle biomimétique dans l'AAO.

Dans le but d'étudier l'effet des premières étapes sur l'arrangement des phospholipides et l'insertion des peptides dans les nanopores de l'AAO, mais aussi de proposer différentes fonctionnalisation (SH vs NH$_2$), nous avons travaillé sur l'amélioration de la première étape de la construction de ce modèle biomimétique supporté.

Cette étape est la dérivation des disques AAO par la fixation d'une molécule bi-fonctionnelle (Figure 1, I).

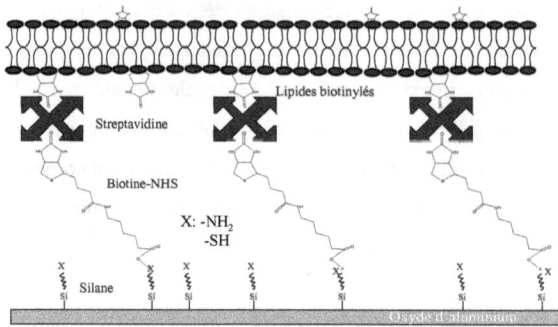

Figure 1. Schématisation de la structure idéale de la bicouche lipidique supportée par un pontage moléculaire biotine-streptavidine dans l'AAO.

I- Dérivation du support nanoporeux AAO par la fixation d'une molécule de silane bi-fonctionnelle de façon à obtenir des fonctions amines ($-NH_2$) ou thiols (-SH) en surface.

II- Fixation d'un dérivé de la biotine : biotine-NHS (biotinamidocaproïque-3-sulfo-N-hydroxysuccinimide ester).

III- Fixation de la strepatvidine.

IV- Obtention de la bicouche lipidique supportée par fusion des SUV lipidiques contenant de lipides biotinylés.

Dans ce chapitre, nous avons analysé deux méthodes de dérivation de l'AAO. Ces méthodes consistent à fixer une des molécules dérivées du silane à l'intérieur des pores. Les pores du support AAO ont une géométrie cylindrique et sont coaxiaux (Figure 2).

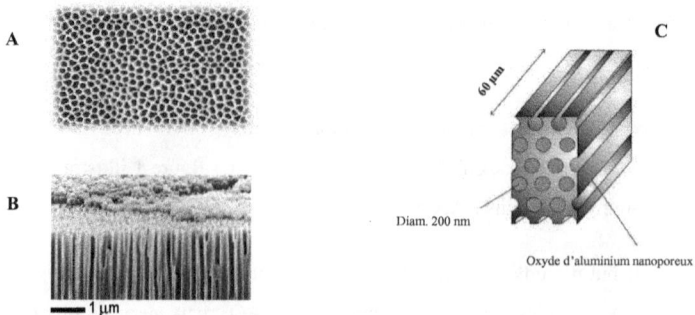

Figure 2. Photographie en microscopie à balayage des supports nanoporeux en oxyde d'aluminium [(A) Vue supérieur et (B) Coupe transversale (d'après SPI supplies, structure probes, West Chester, USA)] et (C) Schématisation des pores d'oxyde d'aluminium.

106

Les bicouches phospholipidiques supportées à l'intérieur de ces pores sont alors organisées en cylindres parallèles les uns aux autres (Figure 3).

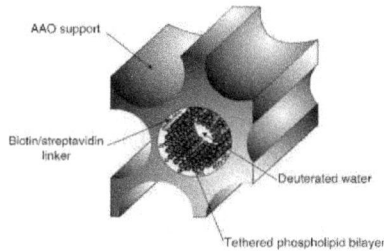

Figure 3. Illustration de bicouches phospholipidiques supportées par pontage biotine-stréptavidine à l'intérieur des nanopores AAO. (Wattraint et Sarazin, 2005).

D'autre part, le principal problème rencontré dans les réactions de silanisation est le risque de polymérisation des molécules de silane, et donc la formation des agrégats (White et Trip, 2000 ; Anderson *et al.*, 2008). Ces agrégats doivent impérativement être évités car ils risqueraient de boucher les pores de la structure nanoporeuse de notre modèle. Des mesures d'AFM sur une surface plane ont montré une meilleure homogénéité de surface lorsque la fixation des silanes est réalisée dans le milieu acétone/eau, plutôt que dans le toluène (Briand, 2003).

Dans ce travail, nous avons utilisé la RMN HR-MAS du proton pour suivre la première étape de la construction et vérifier par des mesures de diffusion de l'eau que les pores ne sont pas obstrués. La spectroscopie de RMN est l'une des seules techniques qui permette ce suivi in situ à l'intérieur des pores.

Derivatisation of porous alumina as support of biomimetic membranes: a HR-MAS proton NMR study

Keywords. HR-MAS, PFG-STE, Tethered phospholipid bilayers, Nanoporous anodic aluminum oxide support, Vapor silanization, Diffusion constants.

Abbreviations. AAO, anodic aluminum oxide; PFG-STE, pulsed-field gradient stimulated echo; HR-MAS, high resolution magic angle spinning; NHS, N-hydrosuccinimide ester; APDMES, amino propyl dimethyl ethoxy silane; MPTMS, 3-mercapto propyl trimethoxy silane; MMDESP, 2-mercapto 2-(methyl diethoxy silane) propyl.

Running title. AAO biomimetic Membrane.

Abstract

The lipids bilayers supported inside porous aluminum oxide supports (AAO) make possible today to consider new models of biological membranes. In our model, the lipid bilayers are separated from the solid support via a molecular bridging streptavidin/biotin in order to create an essential internal compartment for the insertion of transmembranes proteins.

Our earlier studies by solid state NMR have shown that the lipid bilayers covered the inside of each cylindrical pore and that the molecular dynamic of these models ranged within biological membranes.

Recently, we have developed a new method of molecular bridging, ie vaporization vs incubation methods, starting from the functionalisation of AAO pores by a mercapto-silane derivative. In this study, we present this new construction vs. an amino-silane derivatisation. Proton HR-MAS allowed us to characterize in situ the binding of these bi-functional molecules. PFG-STE experiments allowed the dynamic characterization of water and lipids in these models.

Matériels et Méthodes

Disques d'oxyde d'aluminium nanoporeux (AAO commercialisés comme filtres HPLC, [Anodisc 47 discs, Whatman, Maidstone, UK. Ces filtres en oxyde d'aluminium, obtenus par anodisation (*anodic aluminium oxide*) ont des diamètres de pores de 200 nm, une épaisseur de 60 μm et une densité de pores de $2,54 \times 10^9$ pores par cm^2 (80 % de porosité). 3-amino propyl dimethyl ethoxy silane [ABCR, Germany], 3-mercapto propyl trimethoxy silane et 2-mercapto 2-(methyl diethoxy silane) propyl [Aldrich, Strasbourg, France].

I- Dérivations des disques nanoporeux AAO

I-a- Méthode d'incubation

Cette méthode est inspirée de celle utilisée par (Proux-Delrouyré *et al.*, 2001). Dans cette méthode, les disques AAO ont été immergés pendant 8 heures dans une solution d'organosilane (amino- ou mercapto- silane) à 2% (v/v) dans le toluène. Dans notre protocole expérimental, nous avons remplacé le toluène par l'acétone plus efficace pour mener à bien l'hydrolyse des groupements éther. Les disques sont ensuite rincés par l'acétone puis séchés à 60° C dans une étuve.

I-b- Méthode de vaporisation

Le dépôt de la couche d'organosilane sur les disques d'oxyde d'aluminium est réalisé sous une atmosphère saturée d'amino- ou de mercapto- silane en solution à 2% (v/v) dans l'acétone pendant 12 heures. Les disques sont alors rincés avec l'acétone puis séchés 60° C dans une étuve.

II- Dosage des molécules de dérivation de support AAO

II-a- Dosage des dérivés aminosilanes

Cette méthode s'inspire de la réaction présentée par Sanger (1945) permettant la fixation du DNFB (2,4-dinitrofluorobenzene) sur des résidus NH_2 libres des protéines selon la réaction suivante :

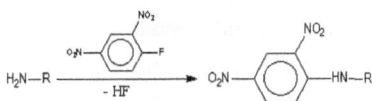

Dans notre étude, il a été réalisé une gamme d'étalonnage permettant de quantifier les résidus NH_2 libres portés par les dérivés aminosilanes. Afin de réaliser ce dosage, les disques d'AAO silanisés (60 disques ~90mg) sont dissous dans une solution de NaOH (0,1 M). La solution obtenue a été ajusté à pH 8 par quelques gouttes d'acide chlorhydrique (HCl ,1 M). Le réactif de Sanger (DNFB), préparé extemporanément à 4 mg/ml dans un tampon phosphate 20 mM pH=8, est alors ajouté et incubé pendant 30 minutes à 45°C. La quantité de produit formé est déterminée par mesure de l'absorbance à 414 nm. Cette méthode a permis de doser de 6 à 100 nmoles de -NH_2 libres ($Y=4,88\times10^{-3}$ X avec $R^2=9,99$ 10^{-1}).

II-b- Dosage des dérivés mercaptosilanes

Ce dosage se base sur l'utilisation de réactif d'Ellman : 5,5'dithiobis -2- (nitrobenzoique acide) ou DTNB. Ce réactif interagit avec la fonction thiol (-SH) libre (Ellman, 1959) selon la réaction suivante :

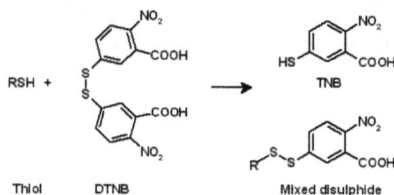

Afin de réaliser ce dosage, les disques d'AAO silanisés (60 disques ~90mg) sont dissous dans une solution de NaOH (0,1 M). La solution obtenue a été ajusté à pH 8 par quelques gouttes d'HCl (1 M).

Le réactif d'Ellman (DTNB), préparé extemporanément à 4 mg/ml dans un tampon phosphate 20 mM pH=8, est alors ajouté et incubé pendant 30 minutes à 45°C. La forme réduite du DTNB est un chromophore qui absorbe fortement dans le visible en produisant une couleur jaune (λ_{max} 414 nm, ε_M 13600$cm^{-1}.M^{-1}$). Cette forme sera retrouvée en solution après l'incubation des disques entiers avec le réactif. L'étalonnage du dosage est effectué soit avec la cystéine, soit avec une solution de mercaptosilane. La quantité de produit formé est déterminée par mesure de l'absorbance à 414 nm. Cette méthode a permis de doser de 6 à 100 nmoles de -SH libres ($Y=14,2\times10^{-3}$ X avec $R^2=9,99$ 10^{-1}).

III- Les expériences en RMN

Les spectres ont été obtenus à partir des échantillons de 60 disques d'oxyde d'aluminium silanisés et hydratés par 20µl de D_2O.

III-a- Le proton par HR-MAS

Les spectres proton sont enregistrés à 500,13 MHz sur un spectromètre Bruker 500 NB Avance (France), équipé d'une sonde duale (^1H, ^{13}C) HR-MAS 4 mm équipée de gradients. Ils sont obtenus à partir d'une simple impulsion à 90° d'une durée de 4,2 µs. La fenêtre spectrale utilisée est de 5 KHz, le temps de recyclage est fixé à 5 s. Le signal RMN est alors multiplié par une exponentielle décroissante se traduisant après une transformée de Fourier par un élargissement de 10 Hz des raies de résonnance. L'attribution des raies de résonnance a été effectuée en partie à l'aide du logiciel ACDHNMR Predictor (version 5.12, 2001). Les déplacements chimiques sont référencés par rapport à un TMS fictif.

III-b- Le coefficient de diffusion

La mesure des coefficients de diffusion par l'écho stimulé avec des gradients de champ pulsés (PFG-STE) appliqué au proton ont été réalisées par une séquence de type BPP-LED (Figure 4) dans laquelle des gradients bipolaires permettent d'éliminer les courants induits (courants de Foucault) crées par des gradients g_0 élevés (Johnson 1999). Price (1997 et 1998) propose une revue détaillée des applications de mesure diffusion par gradients de champ pulsés.

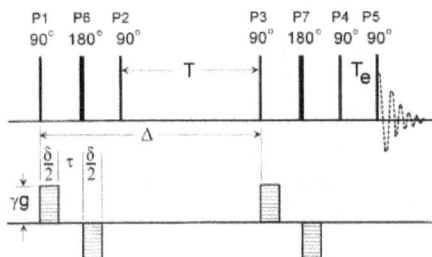

Figure 4. La séquence BPPL-LED (Johnson, 1999).

Les expériences ont été effectuées pour différents temps de diffusion compris entre 50 ms et 1 s. Pour chaque temps de diffusion, un gradient linéaire de 16 valeurs comprises entre 0,0127 et 0,6048 T .m^{-1} est utilisé. Pour chaque valeur de gradient, 256 accumulations des signaux de précession libre ont été effectuées avec les paramètres d'acquisition cités dans le cas du proton par HR-MAS. Le temps de l'impulsion du gradient (δ) est optimisé au cours de la calibration du gradient grâce à un échantillon d'eau UHQ placé dans un rotor HR-MAS avec un insert sphérique de 11µl. Des valeurs similaires à celles trouvées par Gaede et Gawrisch (2003) pour une durée d'impulsion du gradient de 1 ms.

Résultats et discussion

Les bicouches lipidiques surélevées présentent plusieurs avantages. D'abord, elles possèdent une grande fluidité puisque le premier feuillet lipidique n'est pas directement en contact avec la surface, tout en restant une structure supportée robuste. Par ailleurs, sa formation nécessite une démarche de reconstitution, et sa structure peut accueillir des protéines ou peptides transmembranaires et permettent l'étude dynamique et cinétique de ceux-ci.

Notre modèle biomimétique, des bicouches supportées dans l'AAO avec le « pilotis » biotine/streptavidine, est reconstitué en plusieurs étapes décrites précédemment. Parmi ces étapes, seulement la première est reprise dans ce travail. Cette étape est la silanisation ou autrement dit le greffage de fonctions (NH$_2$ vs SH) pour activer le support d'AAO. Notamment, le principal problème rencontré dans les réactions de silanisation est le risque de polymérisation des molécules de silane, et donc la formation des agrégats (White et Trip, 2000 ; Anderson *et al.*, 2008). Ces agrégats sont absolument à éviter avec la structure nanoporeuse de notre modèle car ils risqueraient d'en boucher les pores.

Nos mesures par microscopie électronique (MEB) ont montré d'une part la présence d'agrégat pouvant correspondre à une polymérisation des dérivés silane (Figure 5A) et par ailleurs une fragilisation de la structure de l'AAO (Figure 5B). On voit très nettement sur cette figure que le trempage dans le toluène rend l'AAO friable comme le montre la présence de fragments arrachés lors de la découpe sur ces images des sections transversales (Figure 5B) alors que dans le cas d'un trempage dans l'acétone, la structure de l'AAO est intacte (Figure 5C).

L'utilisation du milieu acétone/eau a permis en outre de résoudre partiellement le problème de polymérisation car il reste à vérifier : d'une part, que les fonctions (NH$_2$ ou SH) restent bien libres sur le support AAO dans ce milieu réactionnel et d'autre part, que la présence de ces fonctions libres permet de continuer la démarche de reconstruction de notre modèle.

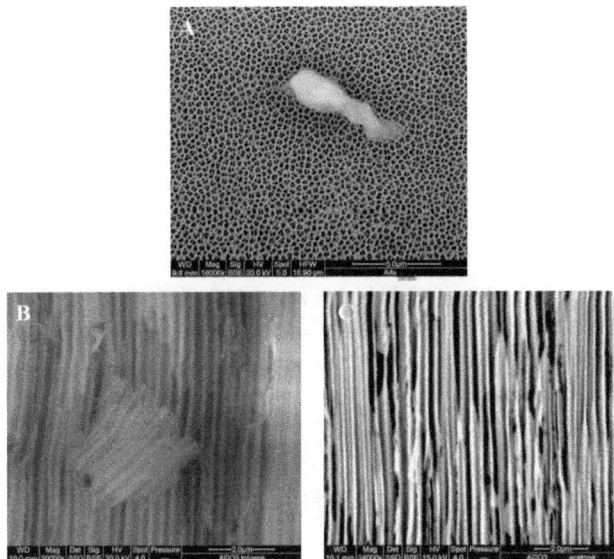

Figure 5. Clichés de MEB des disques AAO silanisés par incubation, dans le toluène avec l'*APDMES* (A) et (B) ; dans l'acétone avec l'*APDMES* (C). Vue de dessus du disque, grossissement 16000 x et la barre d'échelle représente 5 μm (a). Clichés de coupes transversales des disques, Grossissement 30000 x (b), Grossissement 30000 (c) et les barres d'échelles correspondent à 2 μm.

Nous avons repris le travail dans le milieu acétone pour suivre, cette fois, la dérivation d'un support nanoporeux (AAO). Sur ce type de support, la technique RMN HR-MAS est la seule technique adaptée qui permet de suivre la présence de fonctions (NH$_2$ vs SH) dans les pores AAO. Les spectres RMN en ^{1}H, obtenus par cette technique, permet de vérifier l'orientation de la fixation de molécules de dérivation du support en vérifiant la présence ou l'absence de groupes partants (éthoxy ou méthoxy). Ces groupes se trouvent sur l'extrémité opposée de celle de fonctions (NH$_2$ vs SH) dans les molécules d'organosilane utilisées (APDMES, MPTMS, et MMDESP). Donc une fixation bien orientée permet d'avoir les fonctions (NH$_2$ ou SH) libres.

I- Suivi de la dérivation du support AAO par RMN du proton HR-MAS

Dans tous les cas de dérivation, les disques AAO sont découpés et remplis dans le rotor HR-MAS et hydraté par l'addition de 20 µL d'une solution aqueuse. Les spectres sont réalisés en rotation (5 KHz) à l'angle magique. Chaque échantillon est composé du 60 petits disques et 20µl D_2O (Figure 6).

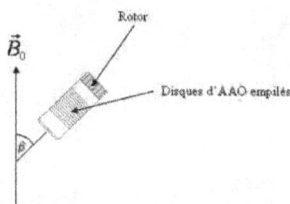

Figure 6. Arrangement des disques dans le rotor (adapté du Wattraint et Sarazin, 2006).

La figure 7 représente le spectre proton témoin pour la molécule d'organosilane **APDMES** (3-amino propyl dimethyl ethoxy silane). Dans ce spectre, réalisé en RMN liquide, on s'intéresse particulièrement aux pics qui sont localisés vers 3,5 ppm.

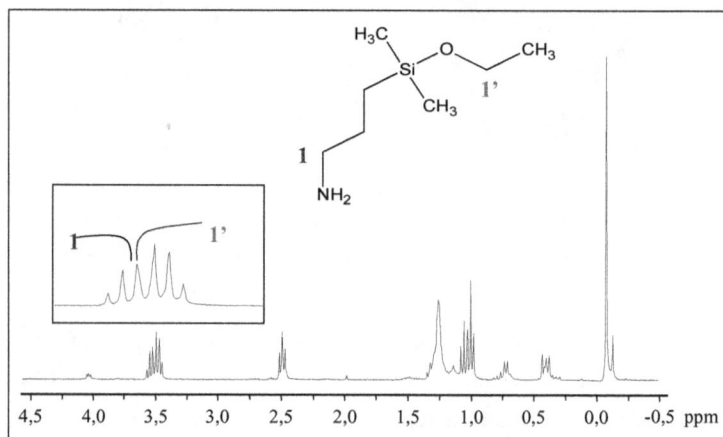

Figure 7. Spectre proton de la molécule 3-amino propyl dimethyl ethoxy silane (*APDMES*).

La région agrandie dans l'encart de la figure 7 correspond à la superposition du triplet du -CH_2 en alpha du groupement amino « 1 » et du quadruplet du CH2 « 1' » du groupement éthoxy. Le suivi des pics dans cette zone permet de caractériser d'une façon directe l'orientation de la dérivation du support AAO par la molécule **APDMES**. La disparition (ou non) du quadruplet « 1' » dans la massif de pics (Figure 7) signale l'absence (ou la présence) de groupe éthoxy. Dans le cas d'absence de ces pics « 1' » (quadruplet), nous pouvons conclure que la dérivation est bien orientée de façon à éliminer le groupe éthoxy et ainsi obtenir la fonction NH_2 libre sur la surface du support AAO (Figure 8b).

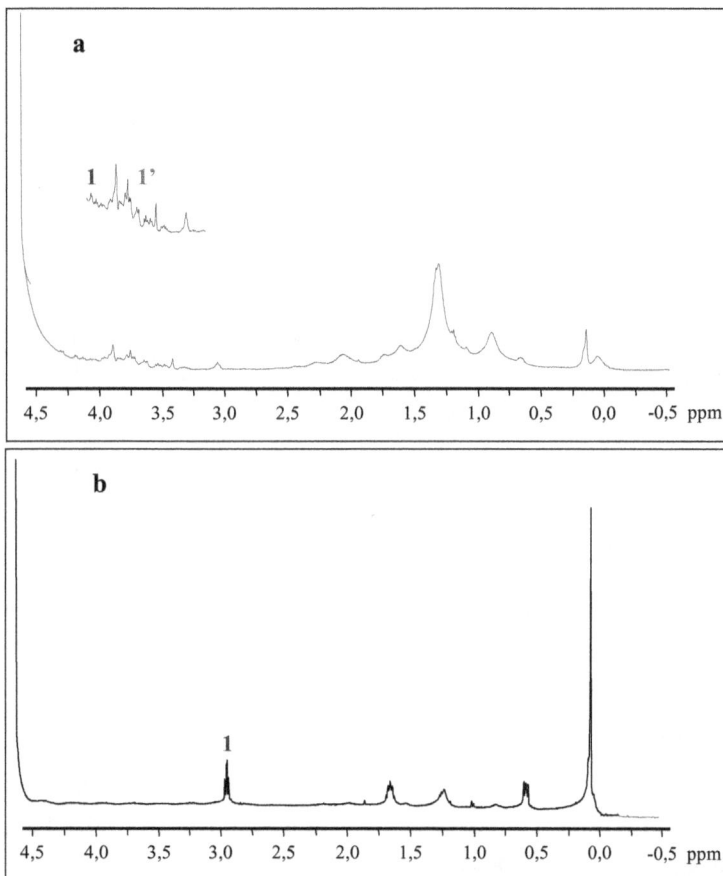

Figure 8. Spectres proton HR-MAS des disques nanoporeux AAO après la dérivation par *APDMES*.
(a) Méthode incubation; (b) Méthode de vaporisation.

Deux méthodes de dérivation ont été étudiées pour obtenir la meilleure façon pour réaliser l'activation des pores de disques AAO. Dans un premier temps, nous avons vérifié, par les spectres HR-MAS, qu'il y a eu bien de dépôt de molécules sur le support AAO après dérivations. Dans le cas d'**APDMES**, nous avons réalisé la dérivation du support AAO par deux méthodes : la méthode d'incubation et la méthode de vaporisation. Les spectres protons HR-MAS obtenus montrent que le dépôt a eu lieu sur le support en appliquant ces deux méthodes (Figure 8).

Le spectre proton, réalisé avec la méthode d'incubation, a permis d'observer la présence des petits pics de 3 à 4 ppm (Figure 8a). Vu la faible quantité déposée de **APDMES**, ces pics sont difficiles à identifier mais on suppose qu'ils signalent la persistance de groupe éthoxy sur la surface d'AAO (comparer avec les pics « **1** » et « **1'** » dans le spectre témoin). Cette présence met le doute sur l'efficacité de l'orientation de la dérivation par la méthode d'incubation.

L'application de la méthode de vaporisation donne le spectre proton HR-MAS de la figure 8b. On observe uniquement le triplet du -CH_2 en alpha du groupement amino (à 3ppm) et montre alors la disparition complète des pics de quadruplet du -CH_2 du groupe éthoxy. Il y a un décalage en déplacement chimique comparé au témoin étant donné que cette fois les spectres sont réalisés avec la sonde HR-MAS.

L'absence des résonances dues au -CH_2 éthoxy indique que la molécule a bien été hydrolysée et que l'éthanol libéré a été évaporé. Cette disparition confirme l'élimination du groupe éthoxy après la fixation d'**APDMES** sur le support AAO.

D'autre part, en comparant les spectres a et b de la figure, nous en avons déduit qu'il y en a plus du matériel déposé par la méthode de vaporisation que par celle d'incubation en comparant le singulet vers 0 ppm correspondant aux deux -CH_3 méthyl portés par le silane.

(Tripp et Hair (1991 et 1993) ; Kanan *et al.*, 2002 ; Kulinich et Farzanehet, 2004) ont réalisé des travaux portés sur la polymérisation et la fixation des molécules de silane sur de surfaces planes. Les résultats obtenus associées à ces travaux, nous permettent d'illustrer les différentes façons de dérivation du support nanoporeux AAO (Figure 9).

Nous pouvons supposer qu'il y a plusieurs types de fixation de l'**APDMES** par la méthode d'incubation (Figure 9a) et une seule façon bien orientée de fixation par la méthode de vaporisation (Figure 9b).

Nous avons utilisé une deuxième molécule d'organosilane (3-mercapto propyl trimethoxy silane (**MPTMS**)) pour la dérivation orientée de l'AAO. Cette molécule permet d'avoir une fonction -SH libre sur le support AAO. Nous avons réalisé les spectres protons sur des échantillons obtenus par les deux méthodes de dérivation (Figure 10).

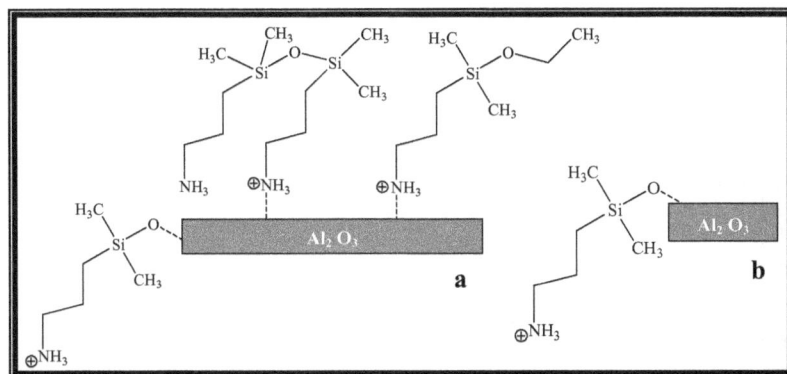

Figure 9. Schémas illustrant les différentes possibilités de dérivation du support AAO par ***APDMES***. (**a**) Méthode incubation; (**b**) Méthode de vaporisation.

Sur la figure 10a, le singulet à 3,7 ppm correspond à la résonance des trois groupements méthyle « 1' » du **MPTMS**. Comparé au spectre obtenu par la méthode de vaporisation, les déplacements chimiques des groupements méthylènes et SH dans la zone 0,5-2 ppm sont identiques (Figure 10b). Un singulet à 3,2 ppm est observé, pouvant correspondre au groupement méthyle du méthanol, provenant de l'hydrolyse des groupements méthoxy du **MPTMS** restant adsorbé sur l'oxyde d'aluminium.

Bien que la méthode de vaporisation permette la fixation **MPTMS**, le méthanol induit la solubilisation des bicouches lipidiques par la suite de la construction dans l'AAO. Ce problème pourrait peut-être être résolu en améliorant le rinçage du support après fixation de **MPTMS** par vaporisation. Toutefois, le suivi de la fixation du **MPTMS,** par RMN HR-MAS, a montré encore une fois l'efficacité de la méthode de vaporisation

Comme les résultats de dérivation obtenus avec la molécule (**APDMES**) ne signalent aucune trace d'éthanol résiduel sur le support AAO, nous avons remplacé la molécule d'oraganosilane bi-fonctionnelle **MPTMS** par la 2-mercapto 2-(methyl diethoxy silane) propyl (**MMDESP**). Ce remplacement devant permettre d'éliminer plus facilement, après dérivation du support AAO, l'éthanol. Au vu des résultats précédents, nous avons retenu pour la suite uniquement la méthode de vaporisation.

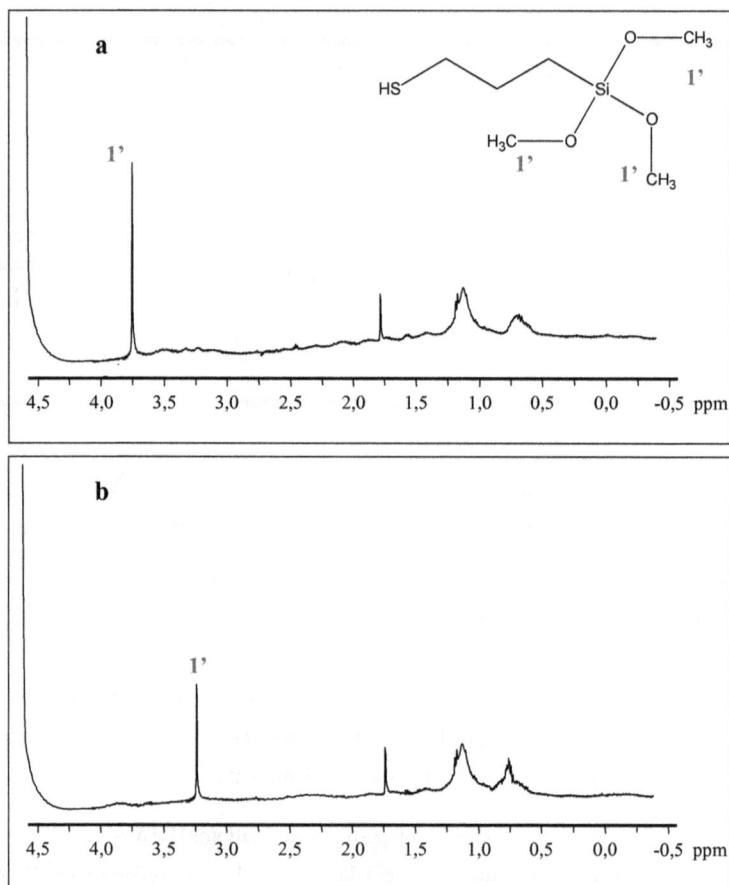

Figure 10. Spectres proton HR-MAS des disques nanoporeux AAO après la dérivation par *MPTMS*.
(**a**) Méthode incubation; (**b**) Méthode de vaporisation

La figure 11a représente le spectre proton témoin en HR-MAS de la molécule bi-fonctionnelle **MMDESP**. Dans ce spectre, les pics '1'' (quadruplet vers 3,5 ppm) sont attribués au méthylène (-CH$_2$) des groupes éthoxy du **MMDESP** (Figure 11a).

118

Après vaporisation du **MMDESP** dans les disques AAO, nous avons observé la disparition complète du signal à 3,5 ppm dans le spectre proton HR-MAS (Figure 11b). Cette disparition est induite par l'élimination de groupes éthoxy lors de la vaporisation des disques AAO. D'autre part, elle nous a permis de conclure que la dérivation est bien orientée, c'est-à-dire le greffage s'est réalisé du coté de groupes éthoxy.

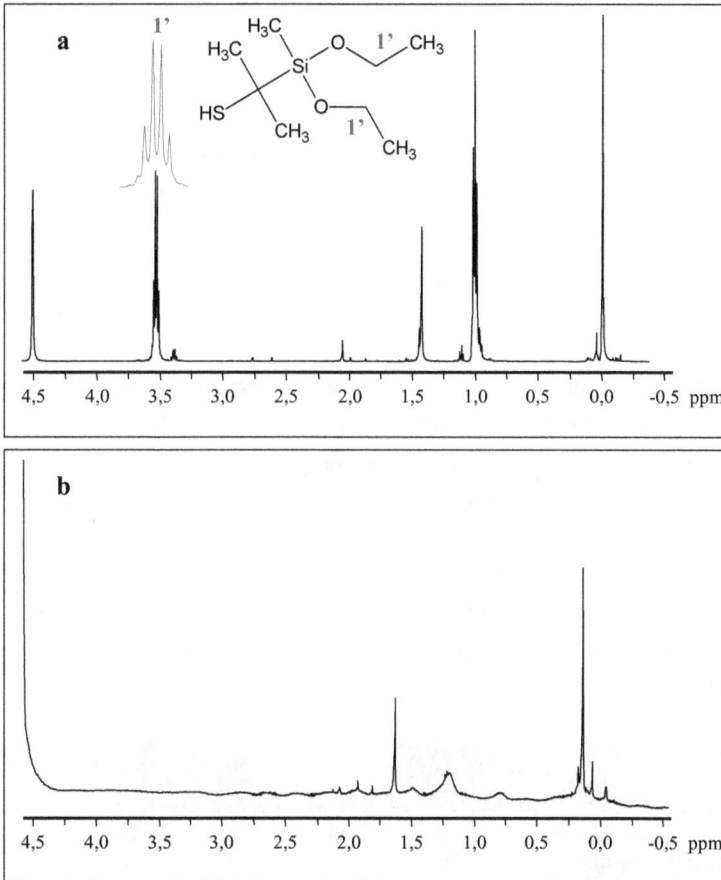

Figure 11. Spectres proton HR-MAS. (a) *MMDESP*. (b) AAO après la dérivation par vaporisation.

Les travaux antérieurs (Tripp et Hair (1991 et 1993) ; Kanan *et al.*, 2002 ; Kulinich et Farzanehet, 2004) sur surface plane combinés avec le spectre HR-MAS des disques AAO

(Figure 11b), nous permettent encore une fois de proposer plusieurs types de fixation obtenue par vaporisation (Figure 12). Nous nous proposons ainsi de vérifier, pour la suite, la quantité du matériel sur le support et l'état des pores du support d'oxyde d'aluminium (AAO) après sa dérivation.

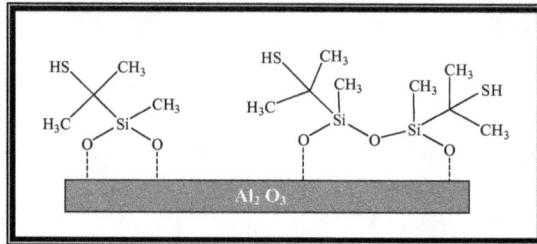

Figure 12. Schémas illustrent les différentes façons de dérivation du support AAO par *MMDESP*.
(Méthode de vaporisation).

II- Quantification des molécules d'organosilane (APDMES vs MMDESP) fixées sur le support nanoporeux AAO

Cette quantification est nécessaire pour la suite de reconstruction de notre modèle dans l'AAO plus particulièrement pour la deuxième étape : la fixation de la biotine-NHS sur les fonctions libre (NH_2 ou SH). Chaque échantillon dosé correspond aux 60 disques AAO silanisées par vaporisation (**APDMES** ou **MMDESP**) utilisés pour les expériences RMN.

Dans le cas de l'échantillon, AAO silanisés par l'**APDMES**, nous avons quantifié le nombre de moles de NH_2 libre sur le support. Dans l'autre cas (**MMDESP**), nous avons dosé le nombre de moles de –SH libre sur le support AAO. Les résultats de dosage sont indiqués dans le tableau suivant :

	3-amino propyl dimethyl ethoxy silane	2-mercaptopropyl méthyl diéthoxy silane
Quantité (n mole/mg d'AAO)	1.35 ±0,03	1.30 ±0,03

Tableau 1. Les quantités du matériel sur le support AAO en nmoles/mg d'Al_2O_3.

Ce dosage permet de mettre en évidence qu'il existe des groupes fonctionnels NH2 ou SH libre au sein de pores de l'AAO

120

III- Diffusion de l'eau par PFG-STE dans les pores du support AAO

La dérivation de support AAO risque de boucher les pores à cause de la possibilité de polymérisation. La détermination du coefficient de diffusion de l'eau permet de vérifier l'état des pores du support d'oxyde d'aluminium (AAO). Cette vérification est indispensable pour la reconstitution des bicouches lipidiques surélevées.

Les coefficients de diffusion de l'eau sont déterminés par la technique PFG-STE. La figure 13 présente l'atténuation du logarithme du signal normalisé de l'eau (HDO) (Ln (I/I0)) en fonction de k, fonction de la puissance du gradient (équation 3 page 36 de la partie synthèse biblio). Cette figure 13 est obtenue dans le cas des disques AAO silanisés par **APDMES**. Ensuite, Nous pouvons en déduire les coefficients de diffusion apparente (D_{app}) en fonction des différents temps de diffusion utilisés (Figure 14a).

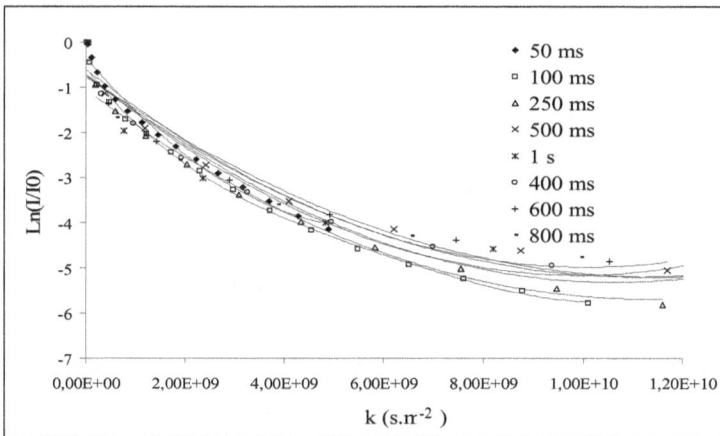

Figure 13. Graphique de l'atténuation du logarithme du signal normalisé de l'eau (HDO) en fonction de k dans les pores d'AAO après la dérivation par *APDMES* de support.

Dans le cas de greffage de l'**MMDESP** sur le support AAO, nous avons aussi déduit et tracé le graphe des coefficients de diffusion apparente (D_{app}) en fonction des différents temps de diffusion utilisés (Figure 14b).

121

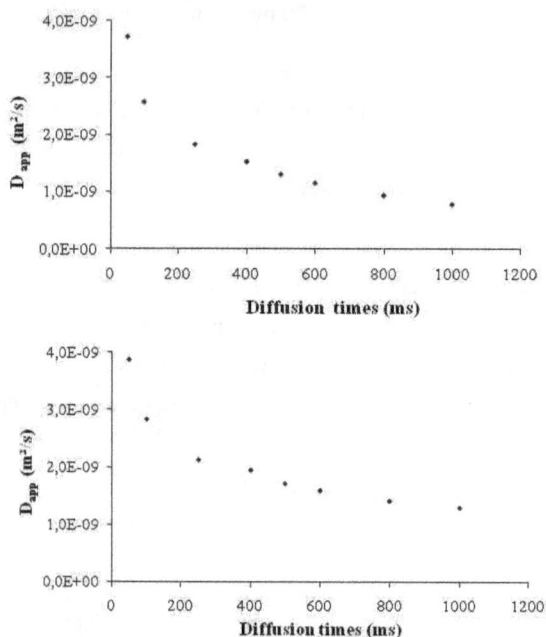

Figure 14. Graphique de variation de coefficients de diffusion apparente de l'eau (D_{app}) en fonction de temps de diffusion. (a) cas de l'**APDMES** ; (b) cas de l'**MMDESP**.

A partir de deux graphiques de variation du coefficient de diffusion apparent de l'eau (D_{app}) en fonction de temps de diffusion (Figures 13 et 14), nous avons pu déduire les valeurs de diffusion de l'eau dans les deux cas (**APDMES vs MMDESP**). Ces valeurs, comparées à celles du support non dérivé (AAO nu), sont indiquées, dans le tableau suivant :

	D_{app} (m^2/s) à 25°C
AAO **nu**	$(1{,}10 \pm 0.2) \times 10^{-09}$
AAO silanisés par **APDMES**	$(1{,}06 \pm 0.2) \times 10^{-09}$
AAO silanisés par **MMDESP**	$(1{,}08 \pm 0.2) \times 10^{-09}$

Tableau 2. Les valeurs de diffusion de l'eau à 25°C.

Les valeurs de coefficient de diffusion de l'eau au sein des pores quelque soit la molécule de fonctionnalisation des supports d'AAO dérivés sont de celle de la diffusion de l'eau dans un support nu. Ceci indique que les pores ne sont pas obstrués et que l'eau circule librement à l'intérieur des pores.

De nombreux travaux, ont abordé les problématiques de la silanisation. Bien que la microscopie à force atomique (AFM) est la technique principalement utilisée dans plusieurs études (Cabibil *et al.*, 2000 ; Anderson *et al.*, 2008). Notre support AAO est nanoporeux et le suivi de la silanisation (ou autrement dit la dérivation) de ce support reste inaccessible par l'AFM.

En conclusion, l'originalité de ce travail est l'utilisation pour la première fois de la technique RMN HR-MAS pour suivre la dérivation de l'oxyde d'aluminium dans les pores. Ce travail montre la possibilité de suivre la dérivation d'un support poreux sans avoir besoin d'extrapoler un travail sur surface plane. Nous avons pu montrer que la meilleure méthode, pour réaliser une dérivation d'AAO par une molécule bi-fonctionnelle, est la vaporisation. Cette méthode a permis d'obtenir une fonction libre (NH_2 vs SH) sur le support AAO.

D'autre part, nous avons proposé la diffusion comme moyen original pour vérifier la bonne circulation au sein des pores. Grâce à ce travail, la méthode de vaporisation sera adoptée comme méthode de dérivation dans la construction de modèle biomimétique dans l'AAO.

Références bibliographiques

Anderson A.S., Dattelbaum A.M., Montano G.A., Price D.N., Schmidt J.G., Martinez J.S., Grace W.K., Grace K.M., Swanson B.I. (2008) Functional PEG-Modified Thin Films for Biological Detection. *Langmuir* **24**, 2240-2247.

Briand E. (2003) Diplôme d'études approfondies de l'UTC Compiègne. « Analyse structurale et fonctionnelle de modèles biomimétiques ».

Cabibil H.L., Pham V., Lozano J., Celio H., Winter R.M., White J.M. (2000) Self-Organized Fibrous Nanostructures on Poly[(aminopropyl)siloxane] Films Studied by Atomic Force Microscopy. *Langmuir* **16**, 10471-10481.

Callaghan P.T., Söderman O. (1983) Examination of the lamellar phase of aerosol ot-water using pulsed field gradient nuclear magnetic-resonance. *J. Phys. Chem.* **87**, 1737-1744.

Elie-Caille C., Fliniaux O., Pantigny J., Mazire J.C., Bourdillon C. (2005) self-assembly of solid-supported membranes using a triggered fusion of phospholipid-enriched proteoliposomes prepared from the inner mitochondrial membrane. *Langmuir* **21**, 4661-4668.

Ellman G. L. (1959) Tissue sulfhydryl groups. *Arch. Biochem. Biophys.* **82**, 70-77.

Filiniaux O. (2004) Thèse de Doctorat en Stratégies d'Exploitation des Fonctions Biologiques de l'UTC Compiègne. « Développement d'un modèle membranaire biomimétique supporté pour l'approche des mécanismes mitochondriaux impliqués dans le stress oxydant ».

Gaede H.C., Garwrisch K. (2003) Lateral diffusion rates of lipid, water, and a hydrophobic drug in a multilamellar liposome. *Biophys. J.* **85**, 1734-1740.

Johnson C.S. (1999) Diffusion ordered nuclear magnetic resonance spectroscopy: principles and applications. *Progress in N.M.R. spectroscopy* **34**, 203-256.

Kanan S.A., Tze W.T.Y., Tripp C.P. (2002) Method to double the surface concentration and control the orientation of adsorbed (3-aminopropyl)dimethylethoxysilane on silica powders and glass slides. *Langmuir* **18**, 6623-6627.

Kulinich S.A., Farzaneh M. (2004) Alkylsilane self-assembled monolayers: modeling their wetting characteristics. Applied Surface Science **230**, 232–240.

Price W.S. (1997) Pulsed-field gradient nuclear magnetic resonance as a tool for studying translational diffusion .1. Basic theory. *Concepts in magnetic resonance 9*, 299-336.

Price W.S. (1998) Pulsed-field gradient nuclear magnetic resonance as a tool for studying translational diffusion: Part II. Experimental aspects. *Concepts in magnetic resonance* **10**, 197-237.

Proux-Delrouyre V., Laval J.M., Bourdillon C. (2001) Formation of streptavidin-supported lipid bilayers on porous anodic alumina: Electrochemical monitoring of triggered vesicle fusion. *J. Am. Chem. Soc.* **123**, 9176-9177.

Sanger F. (1945) The free amino groups of insulin. *Biochem. J.* **39**, 507-515.

Tripp C.P., Hair M.L. (1991) Reaction of chlorofomethylsilanes with silica – a low-frequency infrared stydy. *Langmuir* **7**, 923-927.

Tripp C.P., Hair M.L. (1993) Chemical attachment of chlorosilanes to silica a- 2- step amine-promoted reaction. *J. Phys. Chem.* **97**, 5693-5698.

Wattraint O., Sarazin C. (2005) Diffusion measurements of water, ubiquinone and lipid bilayer inside a cylindrical nanoporous support: a stimulated echo pulsed-field gradient MAS-NMR investigation. *Biochim. Biophys. Acta* **1713**, 65-72.

Wattraint O., Sarazin C. (2006) Static and MAS solid-state study of supported phospholipid bilayer cylindrically oriented. *C. R. Chimie* **9**, 408-412.

White L.D., Tripp C.P. (2000) An Infrared Study of the Amine-Catalyzed Reaction of Methoxymethylsilanes with Silica. *Journal of Colloid and Interface Science* **227**, 237–243.

Conclusion générale & Perspectives

Les peptides antimicrobiens représentent une des familles les plus originales d'agents anti-infectieux qui ont été découverts depuis plusieurs décennies. De nombreux travaux ont été réalisés pour comprendre leurs mécanismes d'action mais il reste tout de même des points obscurs. Dans ce travail, nos expériences ont permis d'apporter des connaissances au niveau des interactions peptides-lipides. La structure secondaire d'un peptide est un des facteurs déterminant son mode d'interaction avec la membrane biologique. Des nombreux peptides antimicrobiens linéaires ont une structure secondaire en hélice (alaméthicine, gramicidine A, cécropine, magainine,…).

Dans ce travail, deux peptides ont été utilisés : l'alaméthicine et le peptide $K_3A_{18}K_3$. Le premier est un peptide antimicrobien naturel de la famille des peptaibols, structuré principalement en hélice α et pour lequel il existe de nombreuses données dans la littérature. Le deuxième, $K_3A_{18}K_3$, est un peptide synthétique dont la littérature dans un environnement de bicouches lipidiques et la prédiction de la structure secondaire donne une hélice α. Nous avons analysé l'interaction de ces deux peptides avec des lipides. $K_3A_{18}K_3$, qui peut être synthétisé de façon plus aisée que l'alaméthicine a été utilisé afin de mimer l'interaction des peptides antimicrobiens en hélice avec la membrane. L'avantage de travailler sur un peptide synthétique demeure dans la possibilité de marquer sélectivement un acide aminé dans la séquence par le noyau ^{15}N, ce qui a permis sur l'étude par RMN des solides. Cette technique apporte beaucoup d'informations au niveau de l'organisation des peptides et des lipides.

Dans ce type d'analyse, les membranes biomimétiques constituent l'outil principal. Plusieurs systèmes membranaires mimétiques ont servi de modèle dans cette thèse. Nos études ont d'abord porté sur des monocouches de Langmuir pour caractériser l'interaction des peptides antimicrobiens avec le feuillet externe de la membrane biologique. Grâce à la microscopie à angle de Brewster (BAM), nous avons montré que l'alaméthicine et $K_3A_{18}K_3$ induisaient des organisations différentes sur des monocouches phospholipidiques à l'interface air-eau.

Etant donné la différence entre $K_3A_{18}K_3$.et l'alaméthicine sur l'organisation des bicouches lipidiques, nous avons analysé leur structure secondaire à l'interface air-eau en utilisant une des techniques la plus adaptée : le PM-IRRAS (pour *polarization modulation infrared reflection-absorption spectroscopy*). Les résultats obtenus montrent que les deux peptides sont majoritairement orientés parallèlement à l'interface air-eau tandis que leurs structures secondaires sont différentes. Nous avons alors confirmé que l'alaméthicine est en hélice α et montré que le peptide $K_3A_{18}K_3$.a une structure secondaire majoritairement en feuillet β à l'interface air-eau.

Ensuite, nos études en bicouches lipidiques ont été menées sur un modèle supporté sur un polymère de PET et analysé par RMN des solides en rotation à l'angle magique. Le système de bicouches permet l'insertion transmembranaire le cas échéant.

D'abord, l'orientation des phospholipides en présence et en absence de peptides a été déterminée par RMN du ^{31}P. Dans le cas de système membranaire contenant de l'alaméthicine et de la DMPC, les spectres phosphores correspondent à une désorganisation des phospholipides. Alors, l'alaméthicine perturbe l'orientation des bicouches lipidiques en interagissant vraisemblablement avec la partie hydrophobe. Dans le cas de système membranaire contenant du peptide $K_3A_{18}K_3$.et de la DMPC, les simulations obtenues ont permis de déterminer que 72% des lipides étaient orientés avec une mosaïcité de 12°. Ces valeurs d'orientation sont similaires à celles obtenues pour les bicouches lipidiques sur le PET en absence de peptide. Cette similitude suggère que l'insertion du peptide $K_3A_{18}K_3$. n'affecte pas l'orientation de phospholipides. Le peptide $K_3A_{18}K_3$, qui est un peptide chargé, pourrait interagir avec la partie hydrophile sans modifier l'organisation des lipides. Nous avons vérifié, par RMN du ^{15}N, l'insertion du peptide. Ainsi, la simulation des spectres MAOSS ^{15}N RMN a permis de déterminer que 60% de $K_3A_{18}K_3$. était orienté avec une mosaïcité de 9°. Compte-tenu que les lipides eux-mêmes ne sont orientés qu'à 72%, la proportion de peptide orienté au sein de ces bicouches peut donc être estimée à 80%.

Les comportements différents de ces deux peptides, soit avec la monocouche lipidique de Langmuir, soit avec les bicouches lipidiques supportées, nous ont conduits à caractériser leur interaction avec un autre système biomimétique tel que les MLV. Nous avons analysé l'interaction de l'alaméthicine et du peptide $K_3A_{18}K_3$.par RMN des solides avec les mêmes phospholipides. Nous avons alors démontré que la présence de $K_3A_{18}K_3$.dans des MLV de DMPC ne modifie pas la phase de transition du phospholipide, alors que la présence de l'alaméthicine l'affecte. Cette modification est due à l'interaction de l'alaméthicine avec les chaînes carbonées du phospholipide (partie hydrophobe). Nous avons également montré, par spectroscopie infrarouge, la présence d'interaction entre le peptide $K_3A_{18}K_3$.et le groupe C=O ester du phospholipide (partie hydrophile). Ces hypothèses originales nécessitent l'approfondissement de l'étude du mode d'insertion des peptides dans les membranes selon leur structure secondaire. En particulier, il serait intéressant de faire varier la nature des lipides des différents modèles, en utilisant notamment des lipides anioniques pour étudier l'interaction du peptide cationique en présence de tels lipides.

Comme l'utilisation des monocouches peut être critiquable pour caractériser l'insertion de peptides transmembranaires et que le modèle PET souffre quant à lui d'un faible état d'hydratation (tout comme les MLV utilisées pour les analyses infra-rouge), la dernière partie de ces travaux s'ouvre sur un modèle biomimétique plus élaboré : celui des bicouches supportées surélevées du support. La maîtrise de sa construction conduit à une bicouche unique fluide. Ce modèle repose sur une construction multi-étapes qui nécessite une attention particulière.

La première étape de la construction de ce modèle consiste à fonctionnaliser les parois internes des disques nanoporeux de l'AAO par fixation d'une molécule bi-fonctionnelle. Les molécules de fonctionnalisation doivent adhérer au support d'oxyde d'aluminium via une liaison de type éther obtenue par hydrolyse de groupement éthoxy ou méthoxy et présenter une fonction amino ou thiol libre pour établir une liaison covalente avec la biotine. L'analyse des spectres ^{1}H HR-MAS RMN a montré que la méthode d'activation par vaporisation est la plus adaptée.

L'ensemble des résultats obtenus permet d'envisager une meilleure insertion des peptides ou des protéines par fusion de protéoliposomes en utilisant le modèle biomimétique supporté dans l'AAO.

www.ingramcontent.com/pod-product-compliance
Lightning Source LLC
Chambersburg PA
CBHW021106210326
41598CB00016B/1350